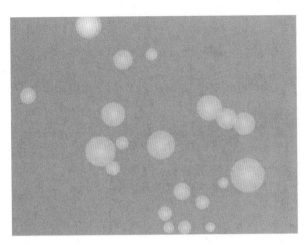

使用 duplicateMovieClip 制作上升的气泡

逐帧动画制作的枫叶飘零

随机数生成的动态花朵

遮罩制作的百叶窗

祝 祖 国 繁 荣 富 强

双遮罩制作的放大镜

简易相册

startDrag 制作的发型拖放

setMask 制作的朦胧遮罩

元件制作的移动汽车

碰撞测试

hitTest 制作的碰撞小球

遮罩制作的汽车倒影

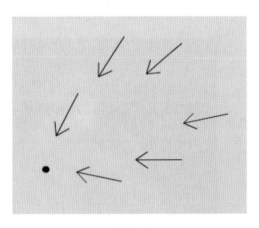

鼠标跟随

由远及近的汽车

逐帧制作的眨眼睛，头发飘

21世纪高等学校规划教材 | 计算机应用

Flash ActionScript
动画实训教程（案例精选）

黄艳秋　蒲鹏　主编

清华大学出版社
北　京

内 容 简 介

本书主要讲述 Flash 的 ActionScript 设计,为了使广大学习者不至于太枯燥、乏味,在本书开始的几章,又概要地介绍了 Flash 关于基本动画制作的内容,这样就使得读者在使用本教材的时候,不管有没有接触过 Flash 都可以轻松入门并渐进式地学习掌握 ActionScript 设计。

本书内容丰富、实例生动、结构清晰,具有很强的实用性,可作为大学本、专科 Flash 教学的教材。

图书在版编目(CIP)数据

Flash ActionScript 动画实训教程:案例精选/黄艳秋,蒲鹏主编. --北京:清华大学出版社,2013
21世纪高等学校规划教材·计算机应用
ISBN 978-7-302-31102-7

Ⅰ. ①F… Ⅱ. ①黄… ②蒲… Ⅲ. ①动画制作软件—教材　Ⅳ. ①TP391.41

中国版本图书馆 CIP 数据核字(2012)第 309142 号

责任编辑:梁　颖　赵晓宁
封面设计:傅瑞学
责任校对:李建庄
责任印制:杨　艳

出版发行:清华大学出版社
　　　　　网　　　址:http://www.tup.com.cn,http://www.wqbook.com
　　　　　地　　　址:北京清华大学学研大厦 A 座　　　　　邮　　编:100084
　　　　　社 总 机:010-62770175　　　　　　　　　　　　邮　　购:010-62786544
　　　　　投稿与读者服务:010-62776969,c-service@tup.tsinghua.edu.cn
　　　　　质 量 反 馈:010-62772015,zhiliang@tup.tsinghua.edu.cn
　　　　　课 件 下 载:http://www.tup.com.cn,010-62795954
印 刷 者:北京世知印务有限公司
装 订 者:北京市密云县京文制本装订厂
经　　销:全国新华书店
开　　本:185mm×260mm　　印　张:13.25　彩　插:2　字　数:334 千字
版　　次:2013 年 6 月第 1 版　　　　　　　　　　　印　次:2013 年 6 月第 1 次印刷
印　　数:1~2500
定　　价:25.00 元

产品编号:045030-01

出 版 说 明

　　随着我国改革开放的进一步深化,高等教育也得到了快速发展,各地高校紧密结合地方经济建设发展需要,科学运用市场调节机制,加大了使用信息科学等现代科学技术提升、改造传统学科专业的投入力度,通过教育改革合理调整和配置了教育资源,优化了传统学科专业,积极为地方经济建设输送人才,为我国经济社会的快速、健康和可持续发展以及高等教育自身的改革发展做出了巨大贡献。但是,高等教育质量还需要进一步提高以适应经济社会发展的需要,不少高校的专业设置和结构不尽合理,教师队伍整体素质亟待提高,人才培养模式、教学内容和方法需要进一步转变,学生的实践能力和创新精神亟待加强。

　　教育部一直十分重视高等教育质量工作。2007 年 1 月,教育部下发了《关于实施高等学校本科教学质量与教学改革工程的意见》,计划实施"高等学校本科教学质量与教学改革工程"(简称"质量工程"),通过专业结构调整、课程教材建设、实践教学改革、教学团队建设等多项内容,进一步深化高等学校教学改革,提高人才培养的能力和水平,更好地满足经济社会发展对高素质人才的需要。在贯彻和落实教育部"质量工程"的过程中,各地高校发挥师资力量强、办学经验丰富、教学资源充裕等优势,对其特色专业及特色课程(群)加以规划、整理和总结,更新教学内容、改革课程体系,建设了一大批内容新、体系新、方法新、手段新的特色课程。在此基础上,经教育部相关教学指导委员会专家的指导和建议,清华大学出版社在多个领域精选各高校的特色课程,分别规划出版系列教材,以配合"质量工程"的实施,满足各高校教学质量和教学改革的需要。

　　为了深入贯彻落实教育部《关于加强高等学校本科教学工作,提高教学质量的若干意见》精神,紧密配合教育部已经启动的"高等学校教学质量与教学改革工程精品课程建设工作",在有关专家、教授的倡议和有关部门的大力支持下,我们组织并成立了"清华大学出版社教材编审委员会"(以下简称"编委会"),旨在配合教育部制定精品课程教材的出版规划,讨论并实施精品课程教材的编写与出版工作。"编委会"成员皆来自全国各类高等学校教学与科研第一线的骨干教师,其中许多教师为各校相关院、系主管教学的院长或系主任。

　　按照教育部的要求,"编委会"一致认为,精品课程的建设工作从开始就要坚持高标准、严要求,处于一个比较高的起点上。精品课程教材应该能够反映各高校教学改革与课程建设的需要,要有特色风格、有创新性(新体系、新内容、新手段、新思路,教材的内容体系有较高的科学创新、技术创新和理念创新的含量)、先进性(对原有的学科体系有实质性的改革和发展,顺应并符合 21 世纪教学发展的规律,代表并引领课程发展的趋势和方向)、示范性(教材所体现的课程体系具有较广泛的辐射性和示范性)和一定的前瞻性。教材由个人申报或各校推荐(通过所在高校的"编委会"成员推荐),经"编委会"认真评审,最后由清华大学出版社审定出版。

目前,针对计算机类和电子信息类相关专业成立了两个"编委会",即"清华大学出版社计算机教材编审委员会"和"清华大学出版社电子信息教材编审委员会"。推出的特色精品教材包括:

(1) 21世纪高等学校规划教材·计算机应用——高等学校各类专业,特别是非计算机专业的计算机应用类教材。

(2) 21世纪高等学校规划教材·计算机科学与技术——高等学校计算机相关专业的教材。

(3) 21世纪高等学校规划教材·电子信息——高等学校电子信息相关专业的教材。

(4) 21世纪高等学校规划教材·软件工程——高等学校软件工程相关专业的教材。

(5) 21世纪高等学校规划教材·信息管理与信息系统。

(6) 21世纪高等学校规划教材·财经管理与应用。

(7) 21世纪高等学校规划教材·电子商务。

(8) 21世纪高等学校规划教材·物联网。

清华大学出版社经过三十多年的努力,在教材尤其是计算机和电子信息类专业教材出版方面树立了权威品牌,为我国的高等教育事业做出了重要贡献。清华版教材形成了技术准确、内容严谨的独特风格,这种风格将延续并反映在特色精品教材的建设中。

清华大学出版社教材编审委员会
联系人:魏江江
E-mail:weijj@tup.tsinghua.edu.cn

前 言

　　在现在高校的课程体系中,开设课程的多元化已经是一个趋势,而在多元化的课程体系中,Flash 相关技术的课程一直备受学生和动画爱好者的青睐。究其原因是因为 Flash 技术入门快,不需要太多的技术铺垫,所见即所得,学习者很容易按照自己的所想制作出可以播放的动画。与其他课程相比,它的活泼绚丽更容易激发学习者的热情,所以近些年 Flash 的学习热潮一直没有减退。

　　本书也正是在这个背景之下,彻底对 Flash 各种技术进行了一番梳理,使更多的学习者走进 Flash 的思维世界,再配以生动贴切的实例进行实践,使学习者能够更快更好地学会使用 Flash。

　　当然,Flash 的发展也是日新月异,本书仅是作为学习者步入 Flash 世界的一个敲门砖,希望把学习者的基础夯实,成为学习者勇攀 Flash 高峰的阶梯。

　　本书特别适合各类培训学校、大专院校和中职中专作为相关课程的教材使用,也可供动画制作的初中级计算机用户、网页动画制作人员和各行各业需要制作动画的人员作为参考书。

　　本书共 8 章,第 1 章主要是对整个 Flash 的行业情况进行概要的介绍。第 2～第 4 章是对 Flash 的基础动画的讲述。第 5 章是 Flash 基础语法的详解。第 6～第 8 章分重点、分专题对时下的 Flash 热门技术深入讲解。

　　该教程附带图书资源文件,使用者可以通过清华大学出版社的网站(www. tup. com. cn)免费下载,也可以通过 E-mail 的方式向作者索取。

　　本书第 1～第 4 章由黄燕秋编写,第 5～第 8 章由蒲鹏编写。作者均已从事计算机教学工作多年,拥有丰富的教学经验和实践经验,并已编写出版过多本计算机相关书籍。由于作者水平有限,书中疏漏和不足之处在所难免,恳请广大读者及专家不吝赐教。

编　　者
2013 年 4 月

目　录

第1章

Adobe Flash CS3概述

本章学习指引：

- 了解 Adobe Flash CS3 软件的发展历史；
- 了解 Adobe Flash CS3 软件的应用领域；
- 了解其他同类型软件的情况。

Adobe Flash CS3 是 Adobe 公司开发的一个交互动画制作工具，用它制作出来的动画是基于二维矢量的，不管怎样放大、缩小，动画还是清晰可见，所以 Adobe Flash CS3 又被视为一款基于矢量的二维动画制作软件。通过本章的概述，进一步走进这款软件，了解它的前世今生。

1.1　关于 Adobe Flash CS3

Adobe 公司收购了 Macromedia 公司之后将享誉盛名的动画制作软件 Macromedia Flash 更名为 Adobe Flash，而 Adobe Flash CS3 是这个合并之后由 Adobe 公司推出的第一款动画软件。本书中的 Flash，如无特别声明，则均代表 Adobe Flash CS3。图 1-1 显示了该软件的封面，从该封面上可以看出 Adobe Flash CS3 的版本号是 9.0。

图 1-1　Adobe Flash CS3 的官方封面

由 Adobe Flash 制作的动画软件具备下列特点：

- Flash 动画文件容量很小，这种特点使得它非常便于在互联网上传输。
- Flash 的内容采用视频流技术，一边欣赏动画，一边下载数据。
- Flash 动画可以提供很强的交互性，通过单击按钮、选择菜单都可以控制动画的播放。

- 丰富的矢量绘图功能、功能强大的形状绘制；以自然的、直观的方式轻松弯曲、擦除、扭曲、斜切和组合矢量形状。
- 使用 Adobe Illustrator 所提倡的钢笔工具，创建精确的矢量插图。
- 无缝地配合 Adobe Illustrator 或 Adobe Photoshop，直接将插图复制和粘贴到 Flash CS3 中，插图不会发生形状失真或颜色丢失。
- 通过使用内置滤镜效果(如阴影效果、模糊、高光、斜面、渐变斜面和颜色调整)可以创造更具吸引力的设计。
- MP3 音频支持。通过导入 MP3 文件将音频集成到项目中，因为与 Adobe Soundbooth 集成，无需音频制作的经验。
- 基于帧的时间线。使用传统动画创作时保留下来、容易使用、高度可控制、基于帧的时间线(如关键帧和过渡)。
- 【撤销/重做】选项在"对象级撤销"和"文档级撤销"模式之间切换。
- 轻松创建和保存自定义工作区(包括面板和工具栏设置)以在每次启动时按希望的方式工作。

这种特点使该软件可以非常方便地制作专业的动画并且便于在互联网上传输，它也逐渐成为网络动画制作的主流软件。

该软件可以实现多种动画特效，动画都是由一帧帧静态图片在短时间内连续播放而产生的视觉效果。这样的内容表现方式，对于阐明抽象的原理、提高内容的活泼性，增强内容的交互性，都有着得天独厚的优势。

1.1.1　Adobe Flash 的发展历程

1984—1992 年间的公司纷争与并购，最终在美国旧金山诞生了一个名叫 Macromedia 的公司，该公司从诞生之初就致力于多媒体领域的软件开发，并相继发布了多款多媒体软件，其中就有沿用至今的 Authorware 软件和 Director 软件。真正给公司带来巨大利润的是于 1997 年发布的两款软件 Dreamweaver 和 Future Splash。同年，Future Splash 正式被更名为 Flash，从此 Flash 软件才登上历史舞台。

一个致力于在 Internet 上应用的动画媒体播放软件，如果得不到主流网络浏览器的支持，它的前景几乎暗淡无光。所幸 Flash 以独具的高质量媒体品质与先进的网络媒体解决方案，迅速获得了 Netscape 浏览器的支持，尽管现在 Netscape 公司在和微软公司的 IE 竞争中落败，市场份额不到 1%，但那时候 Netscape 公司的橄榄枝，却是今天 Flash 能够大放异彩的推手。

Netscape 公司的珠玉在前，使得越来越多的浏览器开始步它后尘，逐渐接纳和支持 Flash，唯独苹果(Apple)公司至今也不肯支持 Flash。Flash 也没有辜负各种浏览器的支持，相继于 2000 年发布了支持编程的 Flash 5.0，2002 年推出了 Flash MX，并开始进军手机领域，2004 年推出了 Flash MX 2004。

2005 年，这对于 Flash 乃至整个 Macromedia 公司来说都是划时代的，4 月 18 日，Macromedia 公司被同为业界大鳄的 Adobe 公司收购，这种强强联合使 Adobe 公司在整合了 Adobe 的图像处理优势、市场优势、资金优势之后，为 Flash 提供了更加广阔的发展前景。

此后,Flash 便进入了 Adobe Flash 的时代,Adobe Flash CS3 也应运而生。历代 Flash 的封面如图 1-2 所示。

图 1-2　历代 Flash 的封面

1.1.2　Adobe 在中国

中国作为新近崛起的大国,在 IT 市场上也是众多国际公司的必争之地,Intel、Microsoft 等众多顶尖公司都把亚洲或大中华区的总部设在了中国,这当然也包括了 Adobe 公司。读者可以随时通过访问 http://www.adobe.com/cn/了解 Adobe 在中国的最新资讯。

"Adobe 将要革命性地改变世界接触思想和信息的方式,过去 25 年,我们一直在努力"这是曾经一段时间,一进入 Adobe 中文网站,就能看到极具震撼的豪情壮语,Adobe 并没有言过其实,IT 领域的迅猛发展已大大超过人们的预期,而由此带来的技术革新也是一浪高过一浪,它们都无时无刻不在影响着我们的思维方式和生活方式,而作为众多技术的翘楚,Adobe 有能力也有责任胜任这一个任务。

图 1-3　Adobe 官方的中国认证设计师

Adobe 认证是 Adobe 公司北京代表处在国内颁发的正规的认证证书,如图 1-3 所示。参加并通过 Adobe 某一应用领域(平面设计、数码视频和网页设计)的全部 4 门软件产品的考试,将获得 Adobe 中国认证设计师证书。Adobe 认证考试和证书是考核和衡量计算机设计制作人员在某一应用领域技能和水平的计算机设计行业标准。

1.1.3　认识 Flash 软件

在学习 Flash 之前,应宏观地对 Flash 有个认识。先进入如图 1-4 所示的软件主题界面,它具备了一般常用软件所具备的导航栏、工具栏、浮动面板、主要窗口等元素,接下来对主题界面中比较重要的场景、图层、时间轴、帧以及界面中没有提到的文件格式、动画发布、FlashPlayer 分别解释如下。

1. 场景

在 Flash 动画中,场景犹如一个舞台,所有的动画内容都要在上面表演。作为一个舞台,它有大小、布景等。场景也有大小、色彩等的设置;场景也可以有多个。在 Flash 中,有

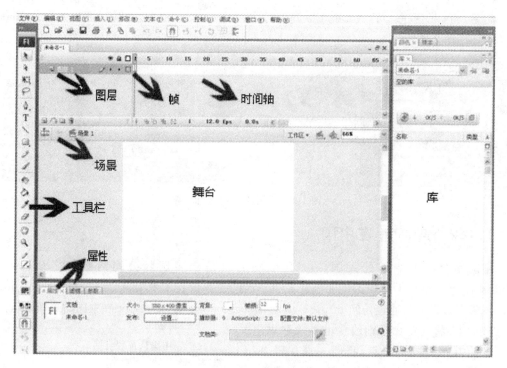

图 1-4　Flash 的软件主题界面

时场景成了一个动画内容的逻辑分隔单元,对于开发者而言,如何管理一个复杂动画的内容,考虑使用多个场景是不错的选择。

　　执行【窗口】|【其他面板】|【场景】命令,打开如图 1-5 所示的场景面板,在这个面板中,可以直接复制、添加、删除场景。

　　当打开 Flash 软件时,默认地看到的是场景的舞台,建立另外的场景、元件的时候,它们又有各自的舞台。如利用图 1-6 所示的"场景"切换按钮,便可实现场景舞台之间,或者场景与元件舞台之间的切换。

图 1-5　"场景"面板　　　　　　　　　　图 1-6　"场景"切换按钮

2. 图层

　　对于一个场景的舞台来说,它是立体的,支撑这个立体的结构就是依靠很多叠放有序的图层,在每个图层上面都可以绘制图形或书写文字,所有的图层叠放在一起,就组成了一幅完整的画面。灵活地掌握与使用图层,不但能轻松制作各种各样的绚丽效果,还可以大大提高工作效率。

对图层的操作包括对图层的命名、锁定、解锁、显示、隐藏。这些操作都可以通过如图 1-7 所示的图层面板实现。一个场景由多个图层组成。

图层有以下三大特点。

图 1-7　"图层"面板

- 透明：除了画有图形或文字的地方，其他部分都是透明的，也就是说，下层的内容可以通过透明的这部分显示出来。

- 相互独立：图层又是相对独立的，修改其中一层，不会影响到其他层。在多图层的动画制作过程中，经常会出现本来修改 A 层，却改到 B 层，为了避免这种操作上的失误，可以使用如图 1-7 所示的图层面板中的锁定 按钮，单击该按钮，该层即被锁定，再次单击将对其解锁。可以使用图层面板中的显示 按钮，执行类似的动作对图层实现显示和隐藏功能。

- 次序关系：图层具有次序关系，默认设置是上面的图层会覆盖下方的图层。可以通过按住左键不放，上下拖曳图层的方法改变它的次序关系。

随着制作的动画越来越复杂，时间也越来越长，图层越来越多，在繁多的图层里很难找到需要的图层，Flash 提供了解决这个问题的一个很好的工具，就是 Flash 图层文件夹。除了单击【新建文件夹】按钮添加"文件夹"外，还可以通过执行【插入】|【时间轴】|【图层文件夹】命令来插入图层文件夹。当时间轴上有很多图层，需要将图层移动到【图层文件夹】里，只需要拖动图层向右上方移动，图层就被移动到【图层文件夹】里了，相反，将图层向左下方移动，图层就脱离文件夹了。

单个的图层可以一层一层移动，如果移动很多图层，只需要选择最上方的图层，按 Shift 键，并单击最下方图层，那么之间的所有图层就都被选择了，然后将它们拖曳到【图层文件夹】中就可以。

3. 时间轴

一个动画，仅有舞台还不行，重要的是内容或情节安排，要有演员按某种时间安排进行演出，任何动画都有它的时间相关性。应用到 Flash 动画制作中，这种时间安排则由时间轴完成。时间轴是在同步时间内分配在不同图层上的图片相互叠合的过程。时间轴对于舞台上的每个图层来说都是共享的。但是，元件的时间轴和场景的时间轴却是相互独立的，在后

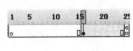

图 1-8　时间轴图

续的学习中，将会学习这个特点。在如图 1-8 所示的时间轴上，可以看出一个时间轴包含了很多帧的序号，为了方便使用者计数，时间轴每隔 5 帧有个数字。红色的滑块又称为"时间头"，可以通过鼠标拖曳滑块的方式，实现 Flash 的测试。

4. 帧

电影是由一格一格的胶片按照先后顺序播放出来的，由于人眼有视觉残留的生理特征，这一格一格的胶片按照一定速度播放出来，看起来就"动"了。动画制作采用的也是这一原理，而这一格一格的胶片，就是 Flash 中的"帧"。在 Flash 中，帧的概念贯穿了动画制作的始终，它是进行 Flash 动画制作的最基本的单位，在时间轴上的每一帧都可以包含需要显示的所有内容，包括图形、声音、各种素材和其他多种对象。可以说，不懂帧的概念与用法，就

不会使用 Flash。

在 Flash 中,帧可以分为普通帧和关键帧,关键帧是有关键内容的帧,用来定义动画变化、更改状态的帧,即编辑舞台上存在实例对象并可对其进行编辑的帧。普通帧是 Flash 补间生成的,所以又叫补间帧,不能对补间帧进行修改,如果对其修改,则实际上修改的是它前面的紧靠它的关键帧。此外关键帧还具备"向后传染"的特性,即关键帧后面的所有非关键帧都将会受到该关键帧的影响。关于关键帧和普通帧的区别,希望读者在后续的学习中能够慢慢掌握。关键帧又可分为空白关键帧(没有包含舞台上的实例内容的关键帧)、关键帧、代码帧。不同类型的帧在时间轴上都有不同的形状。

在上面的图中,第 1 帧是空白关键帧,在时间轴上显示为空心的圆点。第 2~第 14 帧是空白补间帧,显示为灰色填充的小方格。第 15 帧是关键帧,关键帧在时间轴上显示为实心的圆点。第 25 帧是包含代码的关键帧。不同的帧不仅可以有不同的外表,对于关键帧还可以使用如图 1-9 所示的帧属性面板,进行命名(该功能仅对关键帧有效),这样如果在代码中要引用某个帧的时候就可以通过描述帧的序号或帧的名称进行引用。

在实际应用中,请读者注意下面几点:

- 应尽可能地节约关键帧的使用,以减小动画文件的体积。
- 尽量避免在同一帧处过多的使用关键帧,以减小动画运行的负担,使画面播放流畅。

在时间轴上,右击帧,可以弹出如图 1-10 所示的快显菜单,这个菜单栏中包含了所有关于帧的操作。

图 1-9　帧属性面板　　　　　　　　图 1-10　对帧的操作

【插入帧】:在指定的位置插入一个普通帧,该帧的内容会自动沿袭前面最靠近它的一个关键帧的内容。

【删除帧】:将指定的帧删除,后面的帧会自动前移。

【插入关键帧】:在指定的位置插入一个关键帧,该帧的内容会自动沿袭前面最靠近它的一个关键帧的内容。该操作的快捷键为 F6。

【插入空白关键帧】:在指定的位置插入一个空白关键帧,该帧的内容是空的。

【清除关键帧】:将指定关键帧降格为普通帧,是【转换为关键帧】操作的逆操作。

【转换为关键帧】:将指定普通帧转换为关键帧,是【清除关键帧】操作的逆操作。

【转换为空白关键帧】:将指定普通帧转换为空白关键帧。

【剪切帧】、【复制帧】:以帧作为对象进行复制和粘贴。帧内的所有元素都会被同时复制。

【选择所有帧】：选择选定帧。在时间轴上可以先选择首帧，再利用 Shift 键选择尾帧的操作，选定任意指定的一段帧。

5. 文件格式

swf 是由 Flash 导出的一个播放文件，当用 Flash 制作完成一个动画之后，按 Ctrl＋Enter 键，可以直接在默认路径导出 swf 动画，导出的 swf 动画相当于一个对外的窗口，一个 Flash 动画的成品，无法被再次编辑。swf 有时会被读作 swiff。它在发布时可以选择保护功能，如果没有选择，很容易被其他软件反编译。然而，保护功能依然阻挡不了为数众多的破解软件，有不少闪客专门以此来学习别人的程序代码和设计方式。

fla 是 Flash 的原始文件，是一个保存 Flash 文件的文件后缀。当用 Flash 制作完成一个动画之后，直接按保存或另存为，就可以生成它。它存放的是 Flash 动画的源文件，里面保存着所编辑的 Flash 的所有信息。使用 Flash 软件可以再次打开它进行编辑、保存。当需要从网上下载别人的作品进行学习或模仿时，应该下载 fla 文件。出于版权的考虑，可能很多网站不提供 fla 文件下载。现在反编译软件有很多，可以直接把 swf 文件转换成 fla 文件。需要注意的是，这样的转换并非能够百分之百的还原原来的 fla 文件内容。

gif 是一个介于图片领域和动画领域之间的一种文件格式。可以把它看作是一种图片，它采用的是无损压缩，也可以把它看作是一种动画，因为其内容以动画的形式出现。这种图片在 QQ 空间或各种论坛的头像中经常看到。通过 Flash 的【文件】|【导出图像】命令可以将制作的动画导出成 gif 格式，但是这样的 gif 格式，将是一个静态的图像，内容只是 Flash 某一帧的内容。执行【文件】|【导出动画】命令，并在如图 1-11 所示的对话框中将文件的格式选为 gif，也可以将制作的 Flash 动画导出成 gif 动画。这样，在使用 Internet Explorer 等浏览器进行浏览的时候，就可以展示动画的一面。

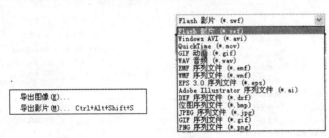

图 1-11 Flash 导出影片操作

as 是 ActionScript 的简称，是一种包含脚本语言的简单文本文件。fla 文件能够直接包含 ActionScript，但是也可以把它存成 as 文件作为外部连结文件（如定义 ActionScript 类则必须在写在 as 文件里，再通过 import 加入类），以方便共同工作和更高层次的程序修改。

6. 动画发布

动画做完以后就要考虑发布，Flash 动画的发布有多种的输出方法。具体的操作是首先执行【文件】|【发布设置】命令，该步骤负责在发布之前进行相关的设置。

1) 格式设置

图 1-12 所示是【发布设置】的【格式】选项卡,在这里可以设定选择输出的文件格式。只需在想输出的文件格式前打上一个勾就可以了,打钩后,会发现在【格式】选项卡后多出几个文件格式的标签,可以单击这些选项卡,对输出文件进行详细的设置。

2) Flash 设置

图 1-13 展示了【发布设置】的 Flash 选项卡,下面简单介绍几个重要的选项:

【版本号】:选择输出的 Flash 动画所使用的插件的版本号,注意低版本的插件对某些效果并不支持。

【加载顺序】:这是动画载入的顺序,有两个选择,【由上而下】意思是从最底层先载入;【由上而下】意思是从最上层先载入。

【ActionScript 版本】:该选项可以选择 2.0 还是 3.0,本书鉴于所有代码的语法以 ActionScript 2.0 作为基础,所以建议读者选择2.0。

【生成大小文件报告】:报告中会详细地注明每一帧的空间大小,这对于做预载是非常有用的。

【防止导入】:这个设置可以保护 swf 文件,以免被别人引入到他的 Flash 动画中(但是效果是有限的,现在已有许多软件能解掉保护,如著名的 SWFBrowser)。

【省略 trace 动作】:在写代码时,为了测试一些变量,有的时候会在代码中使用非常多得 trace 语句。为了在导出动画后,忽略那些语句,可以勾选此项。

【压缩影片】:是动画中所引入的位图的压缩比,数值越小,压缩得越多。

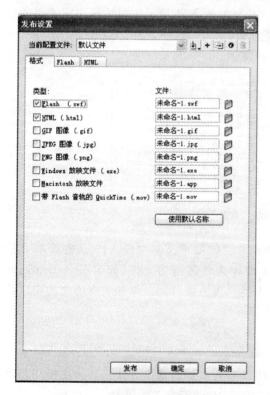

图 1-12　发布设置的格式设置

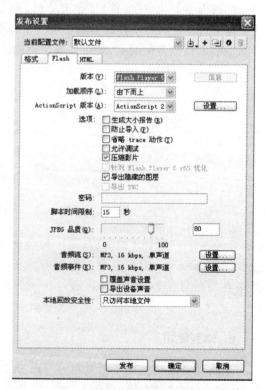

图 1-13　发布设置的 Flash 设置

3）HTML 设置

图 1-14 所示是【发布设置】的 HTML 选项卡，是生成带有 Flash 动画的超文本的网页时的设置，生成 Html 时必须要生成 swf 文件。

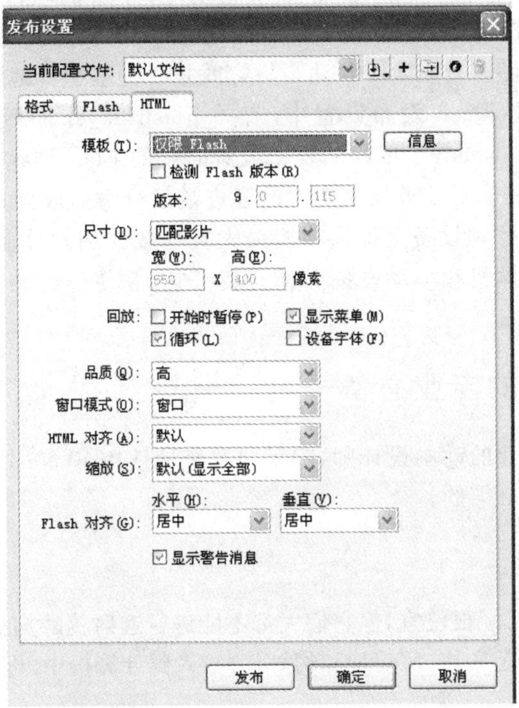

图 1-14 发布设置的 HTML 设置

下面简单介绍几个重要的选项：

【模版】：生成 HTML 文件时所用的模版，有【仅限 Flash】（默认值，只生成带 Flash 动画的 HTML 文件）、【带有 FS Command 的 Flash】（生成带 Flash 以及 FS Command 支持的 HTML 文件）、Quicktime（带 Quicktime 插件支持语句的 HTML 文件）。

【尺寸】：该选项以及下面的【宽】和【高】，定义 HTML 文件中插入的 Flash 动画的高和宽，可以选择【匹配影片】、【像素】（像素点，在下方的 Width 和 Height 中输入）、【百分比】（与动画原始尺寸的百分比值，在下方的 Width 和 Height 中输入）。

【回放】：【开始时暂停】，选中后动画在第一帧就暂停；【显示菜单】，选中后在动画上点右键弹出菜单，如不选，则右击不出现控制菜单；【循环】，设置是否循环播放动画（对最后一帧 Action 中有 Stop 的动画无效）；【设备字体】设置是否装置字体。

【质量】：动画的图形质量。默认的选项为【低】。

【窗口模式】：动画的窗口模式。【窗口】，Flash 运行速度最快；【不透明无窗口】，用于遮盖 DHtml 中的动画层；【透明无窗口】用于和其他图形结合，镂空显示，速度较慢。

【Html 对齐】和【Flash 对齐】：分别是 HTML 和 Flash 动画的对齐模式。

【缩放】：动画的显示大小缩放。

【显示警告信息】：显示警告信息。

在完成上述的设置后，可以直接单击如图 1-14 所示的画面的【发布】按钮或执行【文件】

【导出】将制作好的动画发布,执行这个操作的快捷键是 Ctrl+Enter。

7. FlashPlayer

制作的 Flash 动画,在发布成功之后,如果想脱离 Flash 的软件环境,能够在计算机、手机、其他电子终端上播放,必须要有 FlashPlayer 的支持,也就是说上述的设备上必须提前安装了 FlashPlayer,才能随时查看 Flash 动画。它就是一种基于本地化的 Flash 播放器,其版本随时在更新。在上述 Flash 发布设置中,有关 FlashPlayer 的版本设置,一般来说播放 Flash 的 FlashPlayer 版本要等于或高于发布设置时候的 FlashPlayer 的版本。

它是一款高性能、轻量型且极具表现力的客户端运行时播放器,能够在各种主流操作系统、浏览器、移动电话和移动设备上提供功能强大且一致的用户体验。现在,超过 7 亿台的连接 Internet 的桌面计算机和移动设备上都安装了它,它使公司和个人能够构建并带给最终用户美妙的数字体验。

1.1.4　Flash 的专业必备

如果想成为一个专业的动画设计师,除了要熟练地使用 Flash 软件外,身边的一些辅助的软件和硬件设备也是必需的。

1. 带透射的扫描仪

市场上家用扫描仪已经很便宜,但它们大都不能进行透射稿的扫描,带透射的扫描仪可以将自己拍摄的照片(特别是底片、反转片和幻灯片)输入到计算机中,进行处理并与大家分享。

2. USB 接口的数位板

数位板,又名绘图板、绘画板、手绘板等,是计算机输入设备的一种,通常是由一块板子和一支压感笔组成,和手写板等作为非常规的输入产品相类似,都针对一定的使用群体。与手写板所不同的是,数位板主要针对设计类的办公人士,用作绘画创作方面,就像画家的画板和画笔,电影中常见的逼真的画面和栩栩如生的人物就是通过数位板一笔一笔画出来的。数位板的这项绘画功能,是键盘和手写板无法媲美的。数位板主要面向设计、美术相关专业师生、广告公司与设计工作室以及 Flash 矢量动画制作者。

3. 专业的 Flash 源代码翻译软件

专业的源代码翻译软件可以强大到将 swf 文件转换为 fla 文件,这样学习者可以很轻松的得到一些专业品质的 Flash 作品的源码,供自己学习、参考。但是,一定要杜绝无视别人的劳动,进行知识产权的侵犯,制作一些抄袭别人的商业作品。

1.2　Flash 的应用领域

1.2.1　网页中小视频、小广告的创作

在互联网世界中,各式各样地网站每天都在诞生、倒闭。对于大多数网站而言,广告收

入在整个网站的运营中都占有重要的比例,对于很多小网站而言,广告收入甚至是它们得以维系的唯一经济来源。在这样的背景下,如何招揽广告,并且如何把广告做的炫目多彩,以吸引网友有意或无意的点击,就成了众多网站的招揽网民,聚集流量的手段之一。Flash无疑是胜任这一任务的最佳选择。

这里的"小"主要指的是,内容简单、网页中占用的位置小,这种应用,只要上网浏览网页就可以随时看到。最初Flash的功能主要也是做一些能够在Internet之间传递的小广告、小视频。为此每年都有各种各样的以Flash设计为主题的竞赛,其中最著名的莫过于闪客帝国组织的Flash设计大赛。Flash绚丽的展现方式,也成了很多人竞相展现自己创意思路和艺术设计的载体。

1.2.2 在线视频的解决方案

起源于美国的YouTube在线视频网站,成了最火爆的视频网站。它提供平台,可以随时把用户上传的视频,以最迅捷的方式转换为流媒体格式,再供全世界的用户收看和下载。在如此多样化的世界中,用户足不出户,便可欣赏世界上每个角落每个时刻发生的新奇的事情。这样的视频解决方案,在中国也遍地开花,酷6网、土豆网、优酷网都是在线视频网站的典型代表。

既要传递丰富的内容,又要保证下载的速度和观看的质量,Flash就是这种应用的首选技术。Flash独立的视频编码器使得在创建Flash Video(flv)文件时,可以将高级编码选项设置为高质量的On2 VP6编解码器或Sorenson Spark编解码器,再使用批处理器来一次完成多个视频文件的编码,就可以将传统的视频格式直接导出成flv流媒体格式。如此高质量的视频编码器再使用Flash Player中的高级视频解码器On2 VP6,可以在保持较小文件大小的同时,产生可与当今最佳视频编解码器相媲美的视频质量。

这种基于Flash的在线视频解决方案,具备下述的特点:

- 嵌入的提示点:嵌入的提示点在播放过程中将提示点直接嵌入到flv文件中以触发事件,并协调随附图形和动画的播放。
- 视频导入工作流:利用在视频导入过程中展示flv部署的选项的集中对话框。该对话框还实例化可设置外观的视频组件并使用所需的部署参数预填充它。
- 可设置外观的视频组件:使用该视频组件可轻松自定义视频项目的外观,而不会显著增加文件大小。该组件使用多个部署选项,包括流式和渐进式下载。
- 高级视频编码器:使用新向导轻松导入视频,并使用新的编码选项(如逐行、高级提示点控制和新的视频组件外观)改进视频质量和外观。
- 高级QuickTime导出:使用高级QuickTime导出器,将把swf文件中发布的内容渲染为QuickTime视频。
- 导出包含嵌套的影片剪辑(MovieClip)的内容、使用ActionScript语言生成的内容和运行时效果(如投影和模糊)。
- 新的视频播放器组件使用最新优化的视频播放组件将视频集成到ActionScript 3.0项目中,该组件具有新的字幕显示功能,同时支持流式播放flv内容和渐进式下载的flv文件。

1.2.3　网页游戏的迅猛发展

和网络游戏不同,网页游戏是指不需要用户安装客户端而直接依托网页运行的游戏,纯粹的网页是基于 HTML 语言而形成,它本身不能给用户带来传统的游戏体验,长期以来,如何体现出游戏领域的绚丽、互动、声效等特点,成了制约网页游戏发展的瓶颈。然而,Flash 技术的发展,使得上述所说的一些问题迎刃而解。Flash 制作方便,网际间运行速度快,用户界面设计绚丽,这些优点甚至让人认为 Flash 是为了网页游戏应运而生的。基于Flash 的网页游戏《黑暗契约》如图 1-15 所示。

图 1-15　基于 Flash 的网页游戏《黑暗契约》

网页游戏的出现,的确是加速了 Flash 技术的发展,并提供给了 Flash 广阔的应用空间。但是就网页游戏来看,Flash 也有很多缺点:
- 更复杂的设计无法实现;
- 单线程制约游戏用户的并发性;
- 内存管理回收机制存在弊端,容易耗尽资源。

1.3　其他的前端表现技术

前面简单介绍了 Flash 发展的概况和应用领域,下面介绍和 Flash 具有类似功能的其他几款常用软件。

1.3.1　SilverLight

微软公司开发的 SilverLight 软件(中文称"银光")是一个跨浏览器、跨客户平台的技术,能够设计、开发和发布有多媒体体验与富交互(Rich Interface Application,RIA)的网络交互程序,图 1-16 所示为用 SilverLight 技术开发的系统界面。

因为 SilverLight 提供了一个强大的平台,能够开发出具有专业图形、音频和视频的

Web 应用程序,增强了用户体验,所以 SilverLight 吸引了设计人员和开发人员的眼球。同时,SilverLight 还提供了强大的工具来提高效率。

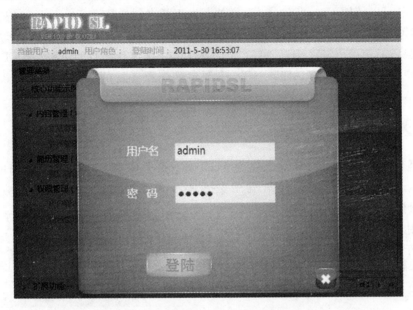

图 1-16 基于 SilverLight 开发的系统界面

SilverLight 能创建一种具有很高艺术性的应用程序,具有以下的特点:

- 一种跨浏览器、跨平台的技术。可以在所有流行的浏览器中运行,包括 Microsoft Internet Explorer、Mozilla Firefox、Apple Safari 和 Opera,同样可以运行于 Microsoft Windows 和 Apple Mac OS 上。
- 无论在哪运行,都能提供一致的用户体验。
- 需要下载很小的文件安装,只需几秒。
- 视频无论从移动设备还是桌面浏览器都是 720p HDTV video 模式。
- 用户可在浏览器中直接对其进行控制,可以拖动、翻转、放大图片。
- 它读取数据并且更新外观,但不会通过刷新整体页面打断用户操作。

SilverLight 将多种技术结合到一个开发平台,可以在其中选择符合需求的合适的工具和编程语言。SilverLight 具有如下功能:

- WPF 和 XAML。SilverLight 包含了 WPF(Windows Presentation Foundation)技术,这个技术在创建用户界面时极大地扩展了浏览器元素。WPF 可以创建融合图形、动画、媒体和其他的富客户端特性,扩展了基于浏览器的用户界面,超越了 Html 所提供的。可扩展应用程序标记语言(XAML)提供了创建 WPF 元素的声明性标记。
- 对于 JavaScript 的扩展。SilverLight 提供了对于全球浏览器脚本语言的扩展,从而为浏览器用户界面提供更加强大的控件,包括与 WPF 元素工作的能力。
- 跨浏览器,跨平台的支持。SilverLight 在所有的流行浏览器(任何平台)运行一致。设计和开发应用程序不需要担心用户的平台和浏览器。
- 与现存应用程序的集成。SilverLight 可以与已经存在的 JavaScript 和 ASP. NET AJAX 代码无缝集成,不会使已经创建的功能缺失。

- 可访问 . NET Framework 编程模型和相关工具。可以使用托管的 Jscript 和 IronPython 或 C♯ 和 Visual Basic 这样的动态语言来创建基于 SilverLight 的应用程序,可以使用 Visual Studio 这样的开发工具来创建基于 SilverLight 的应用程序。
- LINQ。SilverLight 包含集成查询(LINQ)语言。
- 如果已经使用 ASP . NET,可以将 SilverLight 集成到熟悉的 ASP. NET 服务器和客户端功能。可以在 ASP. NET 中创建基于服务器的资源,使用 ASP. NET 的 AJAX 特性与服务器端资源交互而不会打断用户。

1.3.2　Flex

Flex 通常是指 Adobe Flex,是最初由 Macromedia 公司在 2004 年 3 月发布的,基于其专有的 Macromedia Flash 平台,是涵盖了支持 RIA(Rich Internet Applications)开发和部署的一系列技术组合。使用 Flex 创建的 RIA 可运行于使用 Adobe Flash Player 软件的浏览器中,或运行于跨操作系统运行时 Adobe AIR 上,它们可以跨所有主要浏览器,在桌面上实现一致的运行。图 1-17 展示了基于 Flex 开发的系统界面。

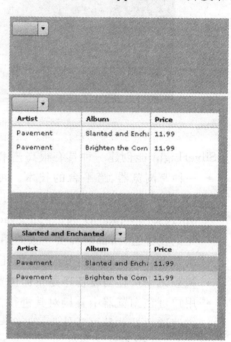

连接到 Internet 的计算机中超过 98% 装有 Flash Player,这是一个企业级客户端运行时,它的高级矢量图形能处理要求最高、数据密集型应用程序,同时达到桌面应用程序的执行速度。通过利用 AIR,Flex 应用程序可以访问本地数据和系统资源。Flex 的目标是让程序员更快更简单地开发 RIA 应用。在多层式开发模型中,Flex 应用属于表现层。Flex 采用 GUI 界面开发,使用基于 XML 的 MXML 语言。Flex 具有多种组件,可实现 Web Services、远程对象、drag and drop、列排序、图表等功能;Flex 内建动画效果和其他简单互动界面等相对于基于 Html 的应用(如

图 1-17　基于 Flex 开发的系统界面

PHP、ASP、JSP、ColdFusion 及 CFMX 等)在每个请求时都需要执行服务器端的模板,由于客户端只需要载入一次,Flex 应用程序的工作流得以改善。Flex 的语言和文件结构也试图把应用程序的逻辑从设计中分离出来。

1.3.3　ExtJS

Ext 是基于 Web 的富客户端框架,其完全是基于标准 W3C 技术构建设的,使用到的都是 Html、CSS、Div 等相关技术。Ext 最杰出之处,是开发了一系列非常简单易用的控件及组件,只需要使用这些组件就能实现各种丰富多彩的 UI 的开发。

ExtJS 可以用来开发 RIA 也即富客户端的 Ajax 应用,是一个用 JavaScript 编写的,主

要用于创建前端用户界面,一个与后台技术无关的前端 Ajax 框架。因此,可以把 ExtJS 用在. Net、Java、Php 等各种开发语言开发的应用中。ExtJs 最开始基于 YUI 技术,由开发人员 Jack Slocum 开发,通过参考 JavaSwing 等机制组织可视化组件,从 UI 界面上 CSS 样式的应用,到数据解析上的异常处理,都可算是一款不可多得的 JavaScript 客户端技术的精品。

Ext 的 UI 组件模型和开发理念成型于 Yahoo 组件库 YUI 和 Java 平台上 Swing 两者,并为开发者屏蔽了大量跨浏览器方面的处理。相对来说,Ext 要比开发者直接针对 DOM、W3C 对象模型开发 UI 组件轻松。图 1-18 展示了基于 ExtJS 开发的系统界面。

图 1-18 基于 ExtJS 开发的系统界面

1.4 Flash 未来的发展方向

1. 应用程序开发

Flash 具备跨平台和多媒体的特性,界面控制也相对灵活,和用户的交互也更加方便。这些特点使得由它制作的应用程序具有很强的生命力。但是某些数据通信的功能还需要借助于 XML,或诸如 JavaScript 的客户端技术实现。

对于大型项目而言,使用 Flash 可能会有些言之过早,因为它意味着很大的风险,包括了开发的风险以及运行维护的风险。在第一时间掌握和积累这方面的经验是一种竞争力。可以首先将这种技术运用在项目中的一小部分或小型项目中,以减少开发的风险。

2. 软件系统界面开发

Flash 对于界面元素的渲染和它所表达的效果具备很强的视觉体验,把这一特点应用于一个软件系统的界面,完全可以为用户提供一个良好的接口。

3．手机(或其他智能手持设备)领域的开发

手机开发应用程序,对界面设计和 CPU 使用分布的操控能力以及设备的能耗有更高的要求,开发者必须为每款手机(或其他智能手持设备)设计一个不同的界面,因为设备的屏幕大小各有不同。这个领域也可以是 Flash 大显身手的地方,但是有一个问题就是 Adobe 公司必须考虑好与主流的智能手机操作系统厂商保持良好的合作关系。

4．游戏开发

使用 Flash 进行游戏开发已有多年的历史,但由它所开发的游戏规模至今为止还是以中、小型游戏为主,其中原因无非就是它的运行速度和大量代码的管理不尽如人意。随着 Flash 技术的发展,Flash Player 10 的运行时性能提高了 2～5 倍;而且最新的 Flash CS3 提供了项目管理和代码维护方面的功能,ActionScript 3.0 的发布也使得程序更加容易维护和开发。这些 Flash 发展带来的新功能,也给它进行游戏开发提供了非常大的空间。

5．Web 应用服务

Web 应用服务随着网络的逐渐渗透,无论是服务的种类还是服务的内容,都变得越来越多。Flash 依托它最新的编程能力,在中间件和 Web Service 领域也可以施展身手。

6．站点建设

走进互联网的世界,基于 Flash 的网站越来越多,它带来的优点包括全面的控制、无缝的导向跳转、更丰富的媒体内容、更体贴用户的流畅交互、跨平台和瘦客户端的支持以及与其他 Flash 应用方案无缝连接集成等。但是,这种类似的网站还主要集中于一些汽车、房地产等对视觉体验要求非常高的行业中,随着 Flash 的发展,界面维护能力和开发者整站架构能力要求都降低的话,将可以使得基于 Flash 的网站在更多行业开展起来。

1.5 小结

本章主要介绍了 Flash 软件的发展背景以及主要应用领域,并对 Flash 中可能经常碰到的一些基本概念(如场景、帧、时间轴、层等)进行了梳理,方便初学者的认识。接下来列举了和 Flash 功能相近的几款软件,希望读者对 Flash 既有横向的认识,又有纵向的认识,这样才能更加全面认识 Flash,为接下来整本书的学习打下良好的基础。

习题 1

1．单选题

(1) 如今的 Flash 软件是属于_____公司。

　　A．Adobe　　　　B．MacroMedia　　　　C．Microsoft　　　　D．Real

(2) Flash 软件的源代码文件的后缀名是_____。

    A. psd   B. swf   C. gif   D. fla

(3) 在 Flash 中,按住_____键可以将面板隐藏。

    A. F4   B. F3   C. F1   D. F9

(4) 在以下选项中,用_____键打开混色器面板。

    A. Shift+F9   B. Shift+F5   C. Shift+F6   D. Shift+F8

(5) 时间轴每间隔_____个帧数显示个数字表示。

    A. 3   B. 4   C. 5   D. 6

(6) 在以下选项中,_____选项是插入关键帧。

    A. F5   B. F6   C. F7   D. F8

(7) Flash 发布影片后,默认的声音以_____格式输出。

    A. MP3   B. WAV   C. MID   D. AVI

(8) 在 Flash 中,对帧频率正确描述是_____。

    A. 每小时显示的帧数

    B. 每分钟显示的帧数

    C. 每秒钟显示的帧数

    D. 以上都不对

(9) 在声音设置中,_____是一边下载一边播放的同步方式。

    A. 流式声音   B. 事件声音   C. 开始   D. 数据流

(10) 在 Flash 中,执行【文件】|【保存】命令,保存的文件格式是_____。

    A. *.fla   B. *.exe   C. *.swf   D. *.gif

(11) 插入帧的作用是_____。

    A. 完整的复制前一个关键帧的所有内容

    B. 起延时作用

    C. 等于插入了一张白纸

    D. 以上都不对

(12) 在时间轴上要选择连续的帧可以使用_____键。

    A. Ctrl   B. Shift   C. Alt   D. Space

(13) 对一个做好的 Flash 产品来说一般是由_____、设置、场景、符号、库、帧、舞台、屏幕显示等要素组成。

    A. 动画、属性   B. 窗口、菜单   C. 动画、窗口   D. 窗口、属性

(14) _____是用来连接两个相邻的关键帧。

    A. 空白帧   B. 关键帧   C. 转换帧   D. 过渡帧

(15) 要播放 QuickTime 电影,在导出 Flash 动画文件时要选择_____格式而不能选择 swf。

    A. avi   B. mpg   C. dat   D. mov

(16) _____是 Flash 动画可以导出的文件中唯一支持透明度设置 Alpha 通道的位图格式。

    A. tif   B. bmp   C. png   D. jpg

(17) 动画文件的发布输出有两种方式_____和_____。

　　A. swf、html　　　B. fla、htm　　　C. fla、swf　　　D. swf、htm

(18) 下面是删除图层的操作，_____操作是错误的。

　　A. 单击图层名称,然后单击时间轴左下角的垃圾桶按钮

　　B. 按住左键将图层拖曳到垃圾桶中

　　C. 在图层上右击,然后从弹出的快捷菜单中选择【删除图层】命令

　　D. 选中图层后,按键盘上的 Del 键

(19) _____是形成动画的最基本的时间单位。

　　A. 帧　　　　　B. 图层　　　　　C. 场景　　　　　D. 时间轴

(20) 关键帧上出现一个红色的小旗,表明它包含一个_____。

　　A. 动作代码　　B. 名称标签释标签　　C. 注释标签　　D. 命名锚记

2. 多选题

(1) 在下列选项中,_____是关键帧的特点。

　　A. 不能被用户修改

　　B. 可以在其中输入代码

　　C. 可以转换为普通帧

　　D. Flash 任何一个图层的第 1 帧一定是关键帧

(2) Flash 的应用领域是_____。

　　A. 网站　　　　B. 广告　　　　C. 游戏　　　　D. 视频

(3) 在下列选项中,_____是图层的特点。

　　A. 有顺序关系

　　B. 任何一个场景必须至少有一个图层

　　C. 图层是透明的

　　D. 修改一个图层会影响另一个图层

(4) 在下列选项中,_____软件具备开发 RIA 的能力。

　　A. ExtJS　　　B. Asp　　　　C. Flex　　　　D. SilverLigth

(5) 在下列选项中,_____硬件设备可以作为 Flash 软件的外接设备。

　　A. 绘图板　　　B. 扫描仪　　　C. 光杆笔　　　D. 投影仪

(6) 在设置电影属性时设置电影播放的速度为 12fps,那么在电影测试时时间轴上显示的电影播放速度应该可能是_____。

　　A. 等于 12fps　　　　　　　　B. 小于 12fps

　　C. 大于 12fps　　　　　　　　D. 大于或小于 12fps 均有可能

(7) 下列关于关键帧说法正确的是_____。

　　A. 关键帧是指在动画中定义的更改所在的帧

　　B. 修改文档的帧动作的帧

　　C. Flash 可以在关键帧之间补间或填充

　　D. 可以在时间轴中排列关键帧以便编辑动画中事件的顺序

3. 填空题

(1) 帧的类型有_____、_____、_____。

（2）Flash 中的一般默认的帧频是_____。

（3）网页上播放的 Flash 动画只能是_____格式。

（4）_____是用来安排场景中元素播放的前后顺序，并可以在帧上创建渐变设置，做出不同的特效。

（5）在 Flash 创作环境中不但可以直接创建矢量插图、文本、元件，还可以从其他应用程序导入_____、_____、_____和_____文件。

（6）位图图像由许多点组成，这些点称为_____。

（7）制作动画过程中，在某一时刻需要定义对象的某种新状态，这个时刻所对应的帧叫做_____。

（8）总的来说，Flash 动画主要分为_____、_____和_____3 大类。

4. 综合实践题

（1）请列举大家熟悉的基于 Flash 技术的网站、视频、游戏。

（2）Flash 层文件夹的作用是什么？它与 Windows 中的文件夹有类似的地方吗？

第 2 章
Adobe Flash 基本动画制作

本章学习指引:

- 了解 Flash 生成动画的原理;
- 掌握 Flash 逐帧动画的制作;
- 掌握 Flash 形状补间动画的制作;
- 掌握 Flash 动作补间动画的制作。

动画是利用人体眼睛的视觉暂留,将一副副静态画面以一定的速度连续播放而形成。动画是阐明抽象原理的一种重要媒体,具有非常直观的视觉表现能力。在医学、化学、物理等课件中,使用设计合理的动画,不仅有助于学科知识的表达和传播,使学习者加深对所学知识的理解,提高学习兴趣和教学效率,同时也能为课件增加生动的艺术效果。

在计算机技术没有应用于动画创作时,就已经诞生了众多至今记忆犹新的经典动画片,如《小蝌蚪找妈妈》,还有被誉为国宝级的由上海美术电影制片厂于 1964 年推出的《大闹天宫》等。就拿《大闹天宫》来说,当时没有计算机制作,全凭手中的一支画笔。一般来说,10分钟的动画要画 7000~10000 张原动画,可以想象一部《大闹天宫》工程的浩大与繁琐。整个绘制阶段每天都在重复同样的工作,50 分钟的上集和 70 分钟的下集,仅绘制就投入了近两年的时间,精彩剧照如图 2-1 所示。

(a) 《小蝌蚪找妈妈》　　　　　　　(b) 《大闹天宫》

图 2-1　精彩剧照

Flash 诞生后提出了一套由动画创作人员创作关键画面,而对关键画面之间的一些线性动作,由计算机自动补间产生画面的思路,大大提高了动画创作的效率,尽管如此,传统的一张张手绘原画的制作动画的流程也被保留下来了。

在传统动画制作中的很多术语名词也被 Flash 继承下来,动画片的每个静态画面,都可以称为帧,在动画连续播放的过程中,一些关键性的转折动作的画面。例如,表现一个足球射向球门后被守门员挡出这样一个过程,就包含了起脚、被阻挡以及最后的落点等三个转折点,那么,表现这三个转折点的画面就是关键画面,这些画面所在的帧叫做关键帧。这样的关键帧从动画制作的角度来看,就是可以修改,并且能够支撑起整个动画过程的运作。对于没有内容的帧,叫做空白帧,除此之外大量的由计算机补间而成的不包含动画关键动作的帧叫做普通帧。这三种类型的帧的区别,还有待于读者在 Flash 的学习过程中慢慢体会。

就 Flash 产生动画的方式而言,可以分为基本动画制作以及脚本动画制作,而基本动画制作又可以分为逐帧动画(帧并帧动画)、形状补间动画、动作补间动画三种。下面首先介绍基本动画的制作。

2.1 逐帧动画

逐帧动画,有些资料也称为帧并帧动画,一般来说指的是整个动画的每一帧都是由动画开发者逐一创作而非计算机自动补间而产生的。例如,前面提到的《大闹天宫》的影片制作就是属于逐帧动画,因为几乎每个帧的内容都不一样,不但给制作增加了负担而且最终输出的文件量也很大,但它的优势也很明显,动画表现非常细腻,尤其是对于一些非线性的动画,只能通过逐帧动画实现。打开素材文件夹"fla\第 2 章\火柴人.swf"实例,效果如图 2-2所示。

该动画细腻地表现了一个人在跑步过程时的各种动作,火柴人的主要部位(手、腿、头)的动作没有线性的规律,但要符合人的生理特征。类似的这种动作只能由逐帧动画实现。这也是 Flash 为什么还保留有这种类似传动动画创作方式的逐帧动画的原因。

图 2-2 火柴人跑步动作分解

讲到火柴人动画不得不提一个网名叫做"小小"的动画创作者,这是在业界曾风靡一时的 Flash 人物,他原名朱志强,吉林省吉林市人。他于 2000 年曾经以"火柴人"为形象创造了无数经典作品:《独孤求败》、《过关斩将》、《小小 3 号》、《小小特警》等,被广大网友称为中国 Flash 第一人,他的作品风靡全国,后进入中央电视台,成为中国 Flash产业的神话式人物。他的轨迹,作为中国 Flash 界的个案,已经超越了个人意义,被媒体作为 Flash 产业的典型。

在 Flash 中创建逐帧动画有如下方法:

(1)用导入的静态图片建立逐帧动画。

用 jpg、png 等格式的静态图片连续导入 Flash 中,就会建立一段逐帧动画。

(2)绘制矢量逐帧动画。

用鼠标或压感笔在场景中一帧帧的画出帧内容。

(3)文字逐帧动画。

用文字作为帧中的内容,实现打字、文字跳跃、旋转等特效。

(4)导入序列图像。

可以导入 gif 序列图像、swf 动画文件或利用第 3 方软件(如 Swish、Swift 3D 等)产生的动画序列。

　　实例 2-1　　打字效果。

【实例目的】

- 掌握逐帧动画的制作方法；
- 对关键帧有个初步的认识，并能掌握插入关键帧的方法（按 F6 键）；
- 掌握工具栏中文本工具 T 的使用。

【实例步骤】

　　（1）执行【文件】|【新建】命令，新建一个 Flash 文件，执行【文件】|【保存】命令将该文件保存为"打字效果.fla"。

　　（2）在舞台的空白处右击，在快显菜单中选择【文档属性】命令，在弹出的如图 2-3 所示的【文档属性】对话框中，将舞台设置为宽 400 像素、高 100 像素，【背景颜色】为粉色。

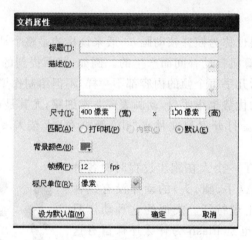

图 2-3　【文档属性】对话框

　　（3）选中第 1 帧，使用工具栏上的文本工具 T，在如图 2-4 所示的属性面板上设置字体为【微软雅黑】、大小为 50、颜色为【蓝色】。设置后输入文字"Flash 动画"，并把它设置为相对于舞台居中对齐（用选择工具 ▸ 选中文本，使用菜单栏【修改】|【对齐】|【相对舞台分布】，再分别单击【水平居中】和【垂直居中】）。

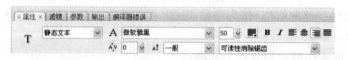

图 2-4　文本属性

　　（4）用选择工具 ▸ 选中文本，连续执行两次【修改】|【分离】命令，把文字打散，并分别在第 5、第 10、第 15、第 20、第 25、第 30 帧插入一个关键帧，关键帧的内容会因为它的"向后传染"特性，使得新插入的关键帧内容都和第 1 帧的内容一致。

　　（5）选中第 1 帧，将文字"lash 动画"全部删除，选中第 10 帧，将文字"ash 动画"删除，从前到后，依此类推，每个关键帧中都删除递减的文字内容（越删越少），直到最后一帧全部显示所有文字。

（6）实例 2-1 的图层如图 2-5 所示。

图 2-5 实例 2-1"打字效果"图层示意图

（7）执行【控制】|【测试影片】命令，观察动画效果如图 2-6 所示，如果要导出 Flash 的播放文件，执行【文件】|【导出】|【导出影片】命令。

图 2-6 实例 2-1"打字效果"效果图

【实例总结】

通过该实例的学习，读者应该掌握如何调整舞台属性，掌握文本工具 T 的使用。如果需要对较长的字符串文字进行个别处理的话，必须使用 Ctrl+B 键对字符串进行打散操作。

掌握 Ctrl+Enter 键对 Flash 文件进行测试。

在图 2-3 中的舞台属性中，Flash 默认的帧频是 12fps，一般电影一秒钟所播放的影片格子数大概为 24，也就是帧频是 24fps，因为物体在人的视网膜残留的时间是 1/24 秒，也就是说达到每秒 24 张，看起来基本就很流畅，不会有停顿的感觉。

实例 2-2 gif 逐帧动画。

【实例目的】

掌握将 gif 图片导入到 Flash 中并生成逐帧动画。

【实例步骤】

（1）执行【文件】|【新建】命令，新建一个 Flash 文件。执行【文件】|【保存】命令，将该文件保存为"gif 逐帧动画.fla"。

（2）在舞台的空白处右击，在快显菜单中选择【文档属性】命令。在弹出的对话框中进行设置，舞台大小为 249×265 像素，【背景颜色】为白色。

（3）双击【图层 1】的图层名称，将其图层名称修改为【背景】（及时修改图层名称让其与内容相对应，可以更准确快速地找到每个图层中的内容，方便编辑与修改，所以养成一个良好的图层命名习惯是必要的）。

（4）导入 gif 图片。

单击【背景】层第一帧，执行【文件】|【导入】|【导入到舞台】命令，将素材文件夹"fla\第 2章\枫叶.gif"图片导入到场景中，"枫叶.gif"图片的内容，自动分布在时间轴的帧上，如图 2-7 所示。

图 2-7 实例 2-2 的时间轴

　　(5) 执行【控制】|【测试影片】命令,观察动画效果如图 2-8 所示。如果要导出 Flash 的播放文件,执行【文件】|【导出】|【导出影片】命令。

图 2-8　实例 2-2"gif 逐帧动画"效果图

【实例总结】

　　通过该实例的学习,读者应该掌握如何把 gif 动画导入到 Flash 中进行修改。也可以通过该方法将一个 gif 动画文件转换为 Flash 文件。

　　实例 2-3　眨眼动画。

　　【实例目的】　掌握刷子工具的使用,掌握多图层的应用。

　　【实例难点】　通过逐帧动画的制作,掌握如何对静态人物制作眨眼睛的动画,这种 Flash 手法就是利用逐帧的原理,使得在某个瞬间,眼睛被遮住,而就是这个转瞬使得用户在浏览这种类型的动画的时候,会感觉人物在很真实的眨眼睛。

　　【实例步骤】

　　(1) 执行【文件】|【新建】命令,新建一个 Flash 文件,执行【文件】|【保存】命令将该文件保存为"眨眼睛.fla"。

　　(2) 在舞台的空白处右击,在快显菜单中选择【文档属性】命令,在弹出的对话框中进行设置舞台大小为 595×742 像素,【背景颜色】为白色。

　　(3) 双击【图层 1】的图层名称,将其图层名称修改为【仕女】。

　　(4) 导入素材图片。

　　单击【仕女】层第一帧,执行【文件】|【导入】|【导入到舞台】命令,将素材文件夹"fla\第 2 章\仕女.jpg"图片导入到场景中,如图 2-9(a)所示。在第 10 帧位置插入帧。

　　(5) 右击【仕女】图层标签,在快显菜单中选择【插入图层】命令,将新图层命名为【眼皮】,在第 5 帧插入空白关键帧。

　　(6) 为了在【眼皮】图层的第 5 帧绘制"眼皮"而不影响到已经制作好的【仕女】图层,可以把【仕女】图层锁定(选中图层,然后单击图层上方的按钮 　)。然后选中椭圆工具 　 ,再选择滴管工具 　 ,在仕女的左眼附近,单击,以吸取附近的颜色,这时填充色图标里的颜色,自动变为仕女的皮肤颜色,此时利用椭圆工具 　 绘制"眼皮",利用任意变形工具 　 调整大小和旋转,遮住仕女的左眼即可,如图 2-9(b)中所示。

(a)眼睛睁开   (b)闭眼   (c)眼睛半闭

图 2-9　仕女图

　　(7) 同样的方法,在【眼皮】图层的上方,再添加一个图层【眉毛】,并且在 5 帧插入空白关键帧,把【仕女】和【眼皮】两个图层锁定。

　　(8) 在【眉毛】图层的第 5 帧,选中刷子工具 ✎ ,并调整刷子的大小为最小和形状为。然后将填充色改为黑色,在"眼皮"的上方画眉毛,并使用任意变形工具 ⊞ 调整大小和位置如图 2-9(c)所示。

　　(9) 实例 2-3 完成后的图层结构,如图 2-10 所示。

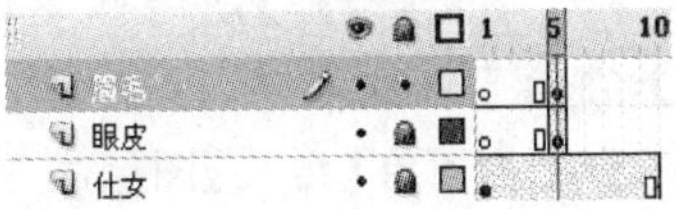

　　(10) 执行【控制】|【测试影片】命令,观察动画效果如图 2-11 所示,如果要导出 Flash 的播放文件,执行【文件】|【导出】|【导出影片】命令。

图 2-10　实例 2-3 的时间轴

图 2-11　实例 2-3 效果图

【实例总结】

　　通过该实例的学习,读者应该掌握如何通过逐帧动画给一副静态的图片加"眨眼睛"的效果,这是动画创作过程中常用的技巧。

实例 2-4 说话动画。

【实例目的】 掌握鼠标拖曳矢量的操作,掌握墨水瓶的应用。

【实例难点】 通过逐帧动画的制作,掌握如何对静态人物图片制作说话的动画,这种 Flash 手法就是利用逐帧的原理,使得在某个瞬间,通过舌头的形状变化,让观众在浏览这种类型动画的时候,会感觉人物在很真实地说话。

【实例步骤】

(1) 执行【文件】|【新建】命令,新建一个 Flash 文件,按【文件】|【保存】(快捷键 Ctrl+S)将该文件保存为"说话.fla"。

(2) 在舞台的空白处右击,在快显菜单中选择【文档属性】命令,在弹出的对话框中进行设置舞台保持默认,【背景颜色】为蓝色。

(3) 双击【图层 1】的图层名称,将其图层名称修改为【教师】。

(4) 导入素材图片。

单击【教师】层第一帧,执行【文件】|【导入】|【导入到舞台】命令,将素材文件夹"fla/第 2 章/教师.jpg"图片导入到场景中,如图 2-12(a)所示。在第 10 帧位置插入帧。

(5) 右击【教师】图层标签,在快显菜单中选择【插入图层】命令,将新图层命名为【舌头】,在第 5 帧插入空白关键帧。

(6) 为了在【舌头】图层的第 5 帧绘制"舌头"而不影响到已经制作的【教师】图层,可以把【教师】图层锁定(选中图层,然后单击图层上方的按钮 ▦)。然后选中椭圆工具 ◯ ,在教师的嘴附近,画一个椭圆,并通过鼠标拖曳方式,对椭圆形状进行修饰,最后达到如图 2-12(b) 所示的效果。然后在第 10 帧插入关键帧,该帧的内容将自动复制第 5 帧的内容,此时,继续使用鼠标拖曳方式,将第 5 帧绘制好的"舌头"形状进行缩小,如图 2-12(c)所示。

图 2-12 教师图

(7) 使用墨水瓶工具 ▣ ,将填充色设置为黑色,在"舌头"上单击,这时会很自然地在舌头外面,勾勒出一个黑色的轮廓代表嘴唇,这样可以使得活动的嘴唇更加逼真。

(8) 在图层的最上方,再添加一个图层【黑板】,把【仕女】和【眼皮】两个图层锁定。在【黑板】图层的第 1 帧,选中矩形工具 ▭ ,将填充色调整为"黑色",轮廓色调整为"灰色",在教师的右上方位置,绘制一个黑板,并在上输入合适大小的文字"逐帧动画",效果如图 2-14 所示。绘制完后,在第 10 帧插入帧。

(9) 实例 2-4 完成后的图层结构,如图 2-13 所示。

(10) 执行【控制】|【测试影片】命令,观察动画效果(如

图 2-13 实例 2-4 的时间轴

图 2-14 所示），如果要导出 Flash 的播放文件，执行【文件】|【导出】|【导出影片】命令。

图 2-14 实例 2-4 效果图

【实例总结】

通过该实例的学习，读者应该掌握通过逐帧动画给一副静态的人物图片加"说话"的效果，这是动画创作过程中常用的技巧。通过该实例的学习，读者还应该掌握使用墨水瓶、鼠标拖曳这种绘图技巧。

2.2 形状补间动画

在 Flash 的时间帧面板上，在一个关键帧内绘制一个形状，然后在另一个关键帧内更改该形状或绘制另一个形状，Flash 设定的程序根据两者之间的帧的值自动创建两者之间的帧，这些自动生成的帧，叫做补间帧，基于这种机制生成的动画被称为"形状补间动画"。

形状补间动画是 Flash 中非常重要的表现手法之一，运用它可以制作出各种奇妙的绚丽多彩的变形效果。在整个形状变化的过程中还可以执行【修改】|【形状】|【添加形状提示】命令让图形的形状变化自然流畅。

形状补间动画使用的元素多为用鼠标或压感笔绘制的矢量形状，如果使用图形元件、按钮、文字，则必须执行【修改】|【分离】命令，将其转换为矢量，再创建形状补间。

形状补间动画建好后，时间轴面板的背景色变为"淡绿色"，在起始帧和结束帧之间有一个长长的箭头，如图 2-15 所示。

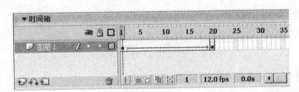

图 2-15 形状补间动画的样式

实例 2-5 字母的形状补间。

【实例目的】

- 掌握如何制作字母的形状补间动画；
- 掌握如何辨认矢量和元件。

【实例步骤】

（1）执行【文件】|【新建】命令，新建一个 Flash 文件。执行【文件】|【保存】命令，将该文

件保存为"字母形状补间动画.fla"。

(2) 在舞台的空白处右击,在快显菜单中选择【文档属性】命令,在随后弹出的对话框中设置舞台大小为 200×100 像素,【背景颜色】为白色。

(3) 单击【图层 1】第 1 帧,使用文本工具 **T** 在舞台上输入字母 A,并按照如图 2-4 所示的文本属性将字体设置为"微软雅黑"、字体大小为 50。这时单击 A 会发现该字母的周围有个蓝色框线,如图 2-16(a)所示。此时,该字母是元件而不是矢量,不符合形状补间的要求,所以要选中字母 A,执行【修改】|【分离】命令,将其打散,变成矢量,如图 2-16(b)所示。

(4) 同样的方法在【图层 1】第 30 帧,插入空白关键帧,输入字母 B,并将其打散。

(5) 右击【图层 1】第 1 帧,在弹出的快显菜单中,选择【创建补间形状】,就会出现如图 2-15所示的画面,这就证明形状补间制作成功。如果【创建补间形状】选项是灰色,就证明当前不具备形状补间动画发生的条件,最可能的原因是没有对输入的字母进行打散操作。

(6) 执行【控制】|【测试影片】命令,观察动画效果如图 2-17 所示,如果要导出 Flash 的播放文件,执行【文件】|【导出】|【导出影片】命令。

(a) 元件 (b) 矢量

图 2-16 元件和矢量

图 2-17 字母形状补间实例演示效果

【实例总结】

通过该实例的学习,读者应该掌握通过按 Ctrl+B 键将元件变成矢量,对字符串进行打散操作需要按两次 Ctrl+B 键,如果在首尾帧之间制作动画时,只需要对首帧设置动画即可。

实例 2-6 矢量图形的形状补间。

【实例目的】

* 掌握如何制作矢量图形的形状补间动画;
* 掌握如何绘制几何形状;
* 掌握在绘制图形时 Shift 键的使用。

【实例步骤】

(1) 执行【文件】|【新建】命令,新建一个 Flash 文件。执行【文件】|【保存】命令,将该文件保存为为"矢量形状补间动画.fla"。

(2) 在【文档属性】对话框中设置舞台大小为 200×200 像素,【背景颜色】为白色。

(3) 单击【图层 1】第 1 帧,选中矩形工具 ▢ ,将轮廓色关闭,填充颜色设置为黑色,如图 2-18(a)所示。按住 Shift 键的同时在舞台上绘制合适大小的一个正方形。

(4) 单击【图层 1】第 10 帧,插入一个空白关键帧,选中矩形工具 ▢ ,将轮廓色关闭,填充颜色设置为黑色。打开如图 2-18(b)所示的属性面板,并将矩形边角半径设置为 30。按住 Shift 键的同时在舞台上绘制一个圆角矩形。

(5) 单击【图层 1】第 20 帧,插入一个空白关键帧,单击工具栏的矩形工具 ▢ ,等待 1～

2秒钟,会弹出如图 2-18(c)所示的子工具栏,在弹出的子工具栏中,选中椭圆形工具 ⬭,将轮廓色关闭,填充颜色设置为蓝色。在舞台上按住 Shift 键的同时绘制一个正圆。

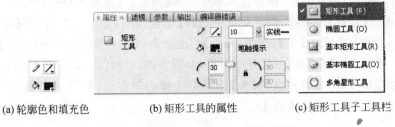

(a) 轮廓色和填充色　　(b) 矩形工具的属性　　(c) 矩形工具子工具栏

图 2-18　实例 2-6 示图

(6) 单击【图层 1】第 30 帧,插入一个空白关键帧,以同样的方式单击子工具栏的多角形工具 ⬠,将轮廓色关闭,填充颜色设置为红色。并在如图 2-19 所示的多角形工具的属性面板上,通过单击【选项】按钮,将【边数】设置为 3,在舞台上绘制一个红色三角形。

(7) 第 1、第 10、第 20 和第 30 关键帧的矢量图形如图 2-20 所示。

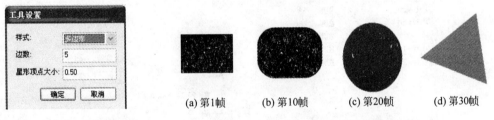

(a) 第1帧　　(b) 第10帧　　(c) 第20帧　　(d) 第30帧

图 2-19　【工具设置】对话框　　　　图 2-20　绘制的几何图形

(8) 分别对第 1、第 10 和第 20 关键帧,设置形状补间动画。图层和帧的情况如图 2-21 所示。

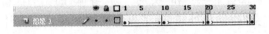

图 2-21　图层的情况

(9) 执行【控制】|【测试影片】命令,观察动画效果,如果要导出 Flash 的播放文件,执行【文件】|【导出】|【导出影片】命令。

【实例总结】

通过该实例的学习,读者应该知道利用工具栏绘制的图形不需要通过 Ctrl+B 键变成矢量,它们本身就是矢量。对于工具栏,如果某个工具图标的右下角有黑色三角按钮时,就证明该图标下方还有很多子图标,只要单击该图标,并停止 1~2 秒钟,子图标就会显示出来。学会绘制圆角矩形、多角形等基本图形。掌握关闭轮廓色只留填充色的绘图习惯。

实例 2-7　头发飘飘的侠士。

【实例目的】

- 掌握如何制作多图层的形状补间动画;
- 掌握如何使用库中的元件;
- 掌握如何使用任意变形工具。

【实例步骤】

（1）执行【文件】|【打开】命令，打开素材文件夹下"fla\第2章\头发飘飘的侠士.fla"。

（2）在舞台的空白处右击，在快显菜单中选择【网格】|【显示网格】命令。

（3）右单击【草地】图层，在快显菜单中选择【创建图层】命令，便在图层【草地】上方，添加一个图层，并把它命名为【头】，在图层【头】的上方添加一个图层命名为【头发】。

（4）执行【窗口】|【库】命令，打开库面板，如图2-22(a)所示。选中名称为face的图形元件，保持鼠标左键不放，将其拖曳到【头】图层第1帧的舞台上，同样将名称为hair1的元件拖放到图层【头发】的第1帧舞台上。

(a)

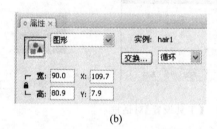

(b)

图2-22 库面板和图形元件属性对话框

（5）为了使得拖曳到舞台上"头"和"头发"，与"身体"的比例保持协调，可以使用任意变形工具 对"头发"和"头"作缩放处理，为了保持缩放的时候宽高比例不变，应当将鼠标沿对角线拖曳（或按住Shift键的同时进行缩放）。如果想精确控制"头"和"头发"的大小，也可以选中它们，通过图2-22(b)中的【属性】对话框，输入数字进行控制。为了保持缩放比例，在输入数字之前，保证宽和高之间的锁定。

（6）在【头发】图层的第40帧插入关键帧，因为关键帧"向后传染"的特性，使得第40帧的内容和第1帧的内容一致。对【头】、【草地】、【身体】图层在第40帧插入帧。如果从第1帧到第40帧，是静止的，一般尾帧都是插入帧，而不是插入关键帧，这样做的目的是易于修改。因为只有【头发】图层会有形状补间产生，所以在【头发】图层的第40帧插入关键帧，而在其他图层插入普通帧。

（7）在【头发】图层的第20帧处，右键选择【转换为关键帧】命令，将第20帧转换为关键帧。然后在该帧的舞台上把原来的内容删掉，再从库中把hair2元件拖放到舞台上，大小缩放到和hair1一样，并且保持位置一样，即图2-22(b)中的属性面板中X、Y坐标要一致。

形状渐变对矢量的位置要求非常严格，如果稍有不对，就会发生想象不到的形状补间，鉴于此，除了位置保持精确控制外，还可以使用标尺辅助定位。标尺的使用方法是，通过对舞台右单击，在快显菜单中选择【标尺】命令，在舞台的上方和左方就会出现带刻度的条状，

图 2-23 标尺以及辅助线

如图 2-23 所示的刻度栏就是标尺,可以通过鼠标从标尺上拖曳的方式,往舞台上拉辅助线(绿色的线)进行定位。

(8) 对【头发】图层的第 1、第 20 和第 40 帧,分别执行打散操作,按 Ctrl+B 键,将图形元件都转换为矢量,为生成形状补间做好准备。

(9) 分别右击第 1 和第 20 帧,选择【创建补间形状】命令,即可生成形状补间动画,使得男主人公的头发有种迎风飘动的感觉。

(10) 该实例的图层结构如图 2-24 所示。

(11) 执行【控制】|【测试影片】命令,观察动画效果如图 2-25 所示,如果要导出 Flash 的播放文件,执行【文件】|【导出】|【导出影片】命令。

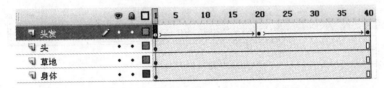

图 2-24 图层示意图

【实例总结】

通过该实例的学习,读者应该知道利用任意变形工具对元件进行等比例缩放,用属性面板对元件进行精确的缩放和定位,还要掌握库的使用方法以及建立图层的步骤,并初步学会使用标尺进行定位。

实例 2-8 形状提示。

【实例目的】

- 掌握如何在形状渐变中使用形状提示;
- 在场景中写两个字母 A,让它们同时变形,一个加形状提示,一个不加形状提示,观察这两个变形有什么不同。

图 2-25 实例 2-7 的演示效果图

【实例步骤】

(1) 执行【文件】|【新建】命令,新建一个影片文档,设置舞台尺寸为 300×200 像素,设置【背景颜色】为蓝色#0000FF。执行【文件】|【保存】命令,将该文件保存为为"形状提示.fla"。

(2) 在【图层 1】的第 1 帧使用文本工具 T 输入字母 A,在【属性】面板上,设置文本格式为【静态文本】、字体为"微软雅黑"、字号为 100、【颜色】为白色。再建一个【图层 2】,在场景右边输入字母 A,参数同上,此层是添加形状提示层。

(3) 在两个图层的第 40 帧处添加关键帧,各输入字母 R,在第 60 帧处添加普通帧,使变形后的文字稍作停留。

(4) 逐一选取各层字母的第 1 和第 40 帧,执行【修改】|【分离】命令,把字母打散,转为

矢量。

（5）在【图层 1】和【图层 2】的第 1 帧处各自建立形状补间动画。

（6）分别选择【图层 2】的第 1 和第 40 帧，执行【修改】|【形状】|【添加形状提示】命令 2 次，并调整形状提示如图 2-26 所示。

(a)【图层2】第1帧的形状提示　　　　　　(b)【图层2】第40帧的形状提示

图 2-26　【图层 2】的形状提示

（7）该实例的最终图层结构如图 2-27 所示。

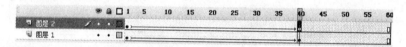

图 2-27　图层结构

（8）执行【控制】|【测试影片】命令，观察动画效果如图 2-28 所示，如果要导出 Flash 的播放文件，执行【文件】|【导出】|【导出影片】命令。

图 2-28　最终演示效果图

【实例总结】

通过该实例的学习，读者应该掌握如何使用形状补间的形状提示，并能通过该示例的结果体会形状提示的作用。

2.3　动作补间动画

2.3.1　动作补间动画的概念

在 Flash 的时间轴面板上，一个关键帧上放置一个元件，然后在另一个关键帧改变该元件的大小、位置、颜色、透明度、旋转或放置另一个元件，Flash 根据首尾两个关键帧的设置自动创建中间的补间帧从而形成的补间动画被称为动作补间动画。

　　动作补间动画是 Flash 中非常重要的表现手段之一,运用动作补间动画,可以设置元件的大小、位置、颜色、透明度、旋转等种种属性,配合别的手法,甚至能做出令人称奇的仿 3D 的效果。与形状补间动画不同的是,动作补间动画的对象必须是"元件"或"成组对象"。"元件"或"群组对象"包括影片剪辑、按钮、图形元件、文字、位图、组合等,但不能是形状或矢量,只有把矢量"组合"或转换成"元件"后才可以制作动作补间动画。

　　元件这个概念在动作补间动画中经常会提到,虽然前面的形状补间实例中也曾用到过元件,但是并没有对其进行详细的说明。元件是指在 Flash 中创建且保存在库中的图形、按钮或影片剪辑,可以自始至终在影片或其他影片中重复使用,是 Flash 动画中最基本的元素。元件分为影片剪辑元件、按钮元件、图形元件。对于导入到舞台或库中的图片或在舞台上直接绘制的矢量图形,都可以通过按 F8 键,将它们转换为图形元件。它是可以重复使用的静态图像。

　　动作补间动画包括位置变化、大小变化、颜色变化、透明度变化、旋转变化(5 种变化)。

　　动作补间动画建立后,时间轴面板的背景色变为"淡紫色",在起始帧和结束帧之间有一个长长的箭头,如图 2-29 所示。

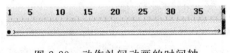

图 2-29　动作补间动画的时间轴

2.3.2　创建动作补间动画的方法

　　创建动作补间动画的方法有以下两种。

1. 帧面板生成动画

　　使用【时间轴】面板:在动画开始播放的地方,插入一个空白关键帧,并设置一个元件(即创建或选择一个关键帧);设置该元件的属性。

　　使用【时间轴】面板:在动画要结束的地方,插入一个空白关键帧,并设置一个元件(即创建或选择一个关键帧);设置该元件的属性。

　　使用【时间轴】面板:单击起始帧,在其【属性】面板,如图 2-30 所示。

图 2-30　帧属性面板

　　单击【补间】旁边的下拉列表,在弹出的菜单中选择【动作】,这样就建立了动作补间动画。

　　对于如图 2-30 中的帧属性面板上的诸多内容,下面介绍:

　　1)【缓动】选项

　　单击【缓动】右边的按钮,弹出拉动滑竿,拖动上面的滑块,可设置参数值,当然也可以直

接在文本框中输入具体的数值;设置完后,动作补间动画效果根据下面的设置作出相应的变化:

- 在−1～−100 的负值之间,动画运动的速度从慢到快,朝运动结束的方向加速补间。
- 在 1～100 的正值之间,动画运动的速度从快到慢,朝运动结束的方向减慢补间。
- 默认情况下,补间帧之间的变化速率是不变的。

2)【旋转】选项

【旋转】选项有三个选择:【自动】(默认设置)、【顺时针】、【逆时针】。

- 选择【自动】:可使元件在需要最小动作的方向上旋转对象一次。
- 选择【顺时针】:并在后面输入数字,可使元件在运动时顺时针旋转相应的圈数。
- 选择【逆时针】:并在后面输入数字,可使元件在运动时逆时针旋转相应的圈数。

3)【调整到路径】复选框

将补间元素的基线调整到运动路径,此项功能主要用于引导线运动。

4)【同步】复选框

使图形元件实例的动画和主时间轴同步。

5)【贴紧】复选框

可以根据其注册点将补间元素附加到运动路径,此项功能主要用于引导线运动。

2. 鼠标右键生成动画

建立首尾帧的步骤和第一种方法一样,所不同的是,该种方法是在起始帧和结束帧之间右击,在弹出的快显菜单中选择【创建补间动画】,建立动作补间动画。

2.3.3 动作补间动画与形状补间动画的比较

形状补间动画和动作补间动画都属于补间动画,两种动画在前面都已经阐述了它们的定义以及形成过程。表 2-1 所示为形状补间和动作补间的区别。

表 2-1　形状补间和动作补间的区别

	动作补间动画	形状补间动画
在时间轴上的表现	淡紫色背景加长箭头	淡绿色背景加长箭头
组成元素	元件或群组对象,包括影片剪辑、按钮、图形元件、文字、位图、组合等形状	矢量,如果使用图形元件、按钮、文字,则必先打散再变形
实现动画	实现一个元件的大小、位置、颜色、透明等的变化	实现一个矢量的形状、颜色等的变化

2.3.4 动作补间示例

1. 位置缩放动画

该种类型的动画主要完成目标元件缩小、放大操作并伴随有位置的移动。通过元件的大小表达距离观众的远近,这是 Flash 的常用手法之一,接下来通过一个实例介绍下,缩放动画的制作。

实例 2-9 由远及近的汽车。

【实例目的】

- 掌握如何制作动作补间动画；
- 掌握任意变形工具的使用；
- 掌握多图层动画的制作方式。

【实例步骤】

(1) 执行【文件】|【新建】命令，新建一个影片文档，并将其保存为"由远及近的汽车.fla"。

(2) 在舞台的空白处右击，选择【文档属性】命令，在随后的对话框上设置舞台大小为 799×668 像素，【背景颜色】为白色。

(3) 在该文件中，新建两个图层，上面的图层为【汽车】，下面的图层为【背景】。

(4) 打开"fla/素材.fla"文件，打开库面板，如图 2-31 所示。从库面板中复制元件"林荫道"、"马六"到"由远及近的汽车.fla"的舞台上，然后分别将它们放置到【背景】图层和【汽车】图层中。注意设置"林荫道"元件的 X，Y 坐标为 0，0，保持与舞台一致。

图 2-31 素材.fla 的库面板

(5) 对图层【背景】，在第 40 帧插入普通帧，对图层【汽车】在第 40 帧处插入关键帧。并对该图层的第 1 关键帧和第 40 关键帧，设置汽车的位置和大小，如图 2-32 所示。

图 2-32 图层【背景】的首尾帧汽车位置

(6) 右击图层【汽车】的第 1 帧，在弹出的菜单中选择【创建补间动画】命令，生成动画。

(7) 实例 2-9 的最终图层结构如图 2-33 所示。

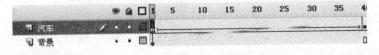

图 2-33 实例 2-9 的图层结构

(8) 执行【控制】|【测试影片】命令,观察动画效果如图 2-34 所示,如果要导出 Flash 的播放文件,执行【文件】|【导出】|【导出影片】命令。

图 2-34 实例 2-9 的演示效果

【实例总结】

通过该实例的学习,读者应该掌握如何创建缩放动画,在动画的制作过程中,任意变形工具的使用频率很高。除此之外,还要通过该实例掌握如何将已经存在的 fla 文件的库为自己所用。

2. Alpha 动画

在众多关于图片的 Flash 动画中,例如滚动图片广告、电子相册,电子杂志等,大都采用了图片的渐隐渐现的效果,就是图片的慢慢淡出和慢慢显现。这种效果可以使用 Flash 的 Alpha 动画来实现。当元件的 Alpha 值为 0 时,该元件彻底透明,当元件的 Alpha 值为 100%的时候,该元件完全显示。下面通过实例来掌握这种动画的制作。

实例 2-10 渐隐渐现的图片。

【实例目的】

• 掌握如何创作 Alpha 动画;

• 掌握如何将导入的图片位图转换为元件。

【实例步骤】

(1) 执行【文件】|【新建】命令,新建一个影片文档,在【文档属性】面板上设置文舞台大小为 550×400 像素,【背景颜色】为白色,并将其保存为"渐隐渐现的图片.fla"。

(2) 在该文件中,新建两个图层,上面的图层为【图片 1】,下面的图层为【图片 2】。

(3) 执行【文件】|【导入】|【导入到舞台】命令,将素材文件夹 pic\pic1.jpg 导入到【图片 1】图层的第 1 帧舞台上,锁定图片的纵横比,将图片的宽度调整为 550,并使它在舞台上的 X,Y 坐标为 0,0。

(4) 动作补间动画要求动画的要素必须是元件,而导入到舞台上的图片还是位图不是元件,必须将其转换为元件。选中图片位图,按 F8 键,在如图 2-35 所示的对话框中,选中【图形】选项,名称保持默认,单击【确定】按钮,转换元件成功。转换之后的元件自动进入到该 Flash 的库中。

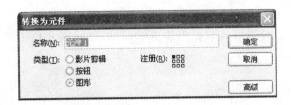

图 2-35 【转换为元件】对话框

(5) 在【图像 1】图层第 40 帧的位置插入关键帧,并选中第 40 帧的图片元件,在如图 2-36 所示的图形元件属性面板上设置 Alpha 值为 0。

图 2-36 图形元件的属性面板

(6) 右击【图像 1】图层的第 1 帧,在快捷菜单中选择【创建补间动画】命令,生成动作补间动画。

(7)【图像 1】图层的基本动作处理完毕后,为了不影响下面的的图层处理,把【图像 1】图层锁定、隐藏。

(8) 在【图像 2】图层,第 20 帧插入空白关键帧,将素材文件 pic\pic2.jpg 导入到舞台上,和第一幅图片类似,调整大小和位置,并将其转换为元件。

(9) 在第 60 帧插入关键帧。

(10) 将第 40 帧的图片元件的 Alpha 值设置为 0,然后右击该帧,在快捷菜单中选择【创建补间动画】命令,生成动作补间动画。

(11) 实例 2-10 的图层结构如图 2-37 所示。

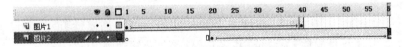

图 2-37 实例 2-10 的图层结构

(12) 执行【控制】|【测试影片】命令,观察动画效果如图 2-38 所示,如果要导出 Flash 的播放文件,执行【文件】|【导出】|【导出影片】命令。

(a) 开始图片

(b) 图片过渡Alpha效果

(c) 第2幅图片

图 2-38 实例 2-10 的运行效果

【实例总结】

通过该实例的学习,读者应该掌握创建 Alpha 动画、将图片位图转换为元件、多图层动画中的锁定和隐藏技巧。

3. 旋转动画

旋转动画,可以将元件进行顺时针和逆时针的旋转,而旋转动画是以元件的几何中心为中心旋转的。所以在制作旋转动画的时候必须要清楚这个元件的中心在什么地方。如图 2-39(a)所示的两个元件,虽然形状一致,但是它们的几何中心却不一致,几何中心可以通过单击元件之后它的"＋"号的位置决定。左边的元件几何中心在左上方,右边的元件几何中心在中间。如果将两个元件制作旋转动画的话,它们的旋转方式会有所不同。

既然元件的几何中心可以决定元件的旋转方式,那么可以改变元件的几何中心。但是,改变元件的几何中心,在元件这个层面是做不到的,可以在舞台或库中双击图形元件,切换到图形元件的舞台(场景舞台和元件舞台的切换,可以在如图 2-39(b)所示的画面中,单击【场景】和【元件】可以对舞台进行互相切换)。在元件这个舞台上,依然不能改变"＋"号的位置,只能通过改变元件的内容去相对地改变"＋"的位置。

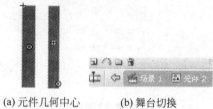

(a) 元件几何中心　　　(b) 舞台切换

图 2-39　元件几何中心以及舞台切换

接下来通过实例来体验下不同几何中心的元件的旋转。

实例 2-11　旋转动画。

【实例目的】

- 掌握制作旋转动画;
- 掌握在库中复制一个元件;
- 掌握改变元件的几何中心。

【实例步骤】

(1) 执行【文件】|【新建】命令,新建一个影片文档,在【文档属性】面板上设置舞台大小为 550×400 像素,【背景颜色】为白色,并将其保存为"旋转动画.fla"。

(2) 在该文件中,新建两个图层,上面的图层为【旋转 1】,下面的图层为【旋转 2】。

(3) 在【旋转 1】图层,使用矩形工具 □,画一个图 2-39(a)中的柱状元件,并通过按 F8 键,将其转换为元件。通过这种方式转换的元件,一般默认的几何中心都在整个元件的左上方。

(4) 在步骤(3)完成后,会在库中生成一个名称为"元件 1"的元件,打开库面板,右击"元件 1",然后选择【直接复制】命令,会直接在库中生成"元件 1 复件"的元件,接下来将其改名"元件 2",并双击切换到它的舞台。

(5) 在该元件的舞台,选择这个柱状矢量,将其移动,使得几何中心"＋"位于该矢量的中间位置。

(6) 单击图 2-39(b)中的舞台切换按钮,切换到主舞台,将库中的"元件 2"元件,拖放到【旋转 2】图层的第 1 帧。

（7）对于两个图层，都在第 30 帧插入关键帧。

（8）对于两个图层，都在第 1 帧右击，在弹出的菜单中选择【创建补间动画】命令，生成动画。设置顺时针旋转 4 周的动画。设置画面如图 2-40 所示。

图 2-40　帧属性的动作旋转动作设置

（9）实例 2-11 的图层结构如图 2-41 所示。

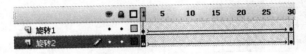

图 2-41　实例 2-11 的图层结构

（10）执行【控制】|【测试影片】命令，观察动画效果如图 2-42 所示，如果要导出 Flash 的播放文件，执行【文件】|【导出】|【导出影片】命令。

【实例总结】

通过该实例的学习，读者应该掌握创建旋转动画、在库中复制元件、改变元件的几何中心等。

4．位移动画的制作

位移动画是最能代表 Flash 动作补间的动画，主要反应元件的位置变化。然而如果不借助引导线等辅助动画手段，位置的变化仅限于舞台上某个点到某个点的直线移动。在这个变化过程中可以通过图 2-40 中动作面板的【缓动】设置运动的加速度。

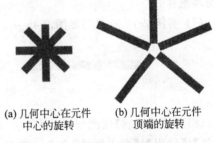

(a) 几何中心在元件
中心的旋转

(b) 几何中心在元件
顶端的旋转

图 2-42　几何中心不同而出现的
不同的旋转方式

实例 2-12　弹跳的小球。

【实例目的】

- 掌握创建位移动画的制作；
- 掌握用缓动选项控制位移动画。

【实例步骤】

（1）执行【文件】|【新建】命令，新建一个影片文档，在【文档属性】面板上设置舞台大小为 550×400 像素，【背景色】为白色，并将其保存为"弹跳的小球.fla"。

（2）使用工具栏上的椭圆工具 ，按住 Shift 键在舞台上画一个正圆，然后选中该矢量，单击工具栏上的填充颜色 ，弹出如图 2-43 所示的颜色对话框，选中最下面的径向渐变的图标（最后一行左数第 4 个）。将球的颜色改为径向的渐变色，这样可以增加球的立体感。

（3）将矢量的球转换为元件，然后在该图层的第 50 帧插入关键帧，并将第 25 帧转换为关键帧。

（4）拖动第 25 帧的球，在拖动的过程中按住 Shift 键，可以保持球在竖直方向上移动，不至于偏离，将球拖动到舞台的下方。

（5）右击第 1 帧，在弹出的菜单中选择【创建补间动画】命令，生成小球下落动画。在如图 2-44 所示的动画属性面板上，将【缓动】设置为 100，这样可以使得球在下落过程中，速度越来越快，符合物理规律。

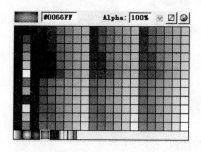

图 2-43　颜色对话框

图 2-44　动画属性面板

（6）右击第 25 帧，在弹出的菜单中选择【创建补间动画】命令，生成小球弹起动画。在动画属性面板上，将【缓动】设置为−100，这样可以使得球在弹起过程中，速度越来越慢，符合物理规律。

（7）实例 2-12 的图层如图 2-45 所示。

图 2-45　图层结构

（8）执行【控制】|【测试影片】命令，观察动画效果，如果要导出 Flash 的播放文件，执行【文件】|【导出】|【导出影片】命令。按 Ctrl＋Enter 键测试效果如图 2-46 所示。

【实例总结】

通过该实例的学习，读者应该掌握创建位置移动动画；使用径向渐变绘制带有立体感的球体；在拖动元件时使用 Shift 键保持元件在同一方向移动不偏离。

实例 2-13　神奇的桌球。

【实例目的】

- 掌握创建多关键帧的位置移动补间动画；
- 掌握创建多图层位置移动补间动画；
- 掌握多图层动画的时间衔接与位置衔接。

【实例步骤】

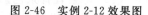

图 2-46　实例 2-12 效果图

（1）执行【文件】|【新建】命令，新建一个影片文档，在【属性】面板上设置文件大小为 550×185 像素，【背景色】为绿色，并将其保存为"神奇的桌球.fla"。

（2）将默认地图层命名为【球洞】，使用工具栏上的椭圆工具，按住 Shift 键在舞台上画一个正圆,并通过修正、复制,制作如图 2-47 所示的球洞。

图 2-47 球杆初始位置

(3) 在【球洞】图层的上方,新建一个图层【母球】,并在该图层绘制一个白色的球,将其转换为元件。

(4) 在【母球】图层的上方,新建一个图层【红球】,并在该图层绘制一个红色的球,将其转换为元件。

(5) 在【红色】图层的上方,新建一个图层【球杆】,并在该图层通过矩形工具,绘制一个球杆出来,初始位置位于舞台的外面,因为动画的内容希望球杆从舞台外面移动到舞台中。

(6) 在第 55 帧,对所有的图层插入帧。

(7) 首先对图层【球杆】制作动画,第 1 帧的球杆的位置如图 2-47 所示。

在第 10 帧插入关键帧,将球杆位置调整为如图 2-48 所示。

图 2-48 球杆击球位置

右击第 1 帧,对球杆生成动作补间。

(8) 对"母球"设置动作。将第 10 帧转换为关键帧,将第 20 帧转换为关键帧,并在该帧改变母球的位置如图 2-49(a)所示;将第 35 帧转换为关键帧,并调整母球的位置如图 2-49(b)所示。

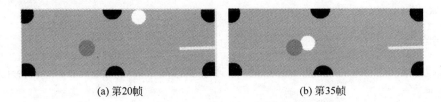

(a) 第20帧   (b) 第35帧

图 2-49 第 20 和第 35 帧母球的位置

分别右击第 10 和第 20 帧,生成动作补间动画。

(9) 对"红球"设置动作。将第 35 和第 50 帧转换为关键帧。第 50 帧的位置如图 2-50 所示,将第 51 帧转换为空白关键帧,实现红球进洞的效果。

右击第 35 帧,生成动作补间动画。

(10) 实例 2-13 的图层如图 2-51 所示。

图 2-50 第 51 帧红球的位置

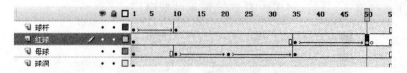

图 2-51   实例 2-13 的图层结构

（11）执行【控制】|【测试影片】命令，观察动画效果，如果要导出 Flash 的播放文件，执行【文件】|【导出】|【导出影片】命令。按 Ctrl＋Enter 键测试效果如图 2-52 所示。

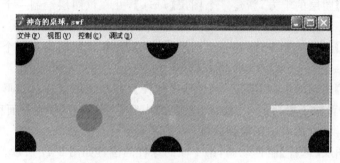

图 2-52   实例 2-13 效果演示图

【实例总结】

通过该实例的学习，读者应该掌握创建多关键帧、多图层的动作补间动画，掌握在动画中对时间和动作进行正确的衔接。

2.4   小结

本章主要介绍了 Flash 基本动画的制作，从一般的分类来说，Flash 基本动画包括了逐帧动画、形状补间动画、动作补间动画。它们各有各的特点，没有谁可以替代谁，在不同的场合、空间，都有各自的表现。这些动画基本上涵盖了生活中的大部分动作。下面是对各种动画的一个总结。

1. 特点

逐帧动画是 Flash 动画最基本的形式，是通过更改每一个连续帧在编辑舞台上的内容建立的动画。

形状补间动画是在两个关键帧端点之间，通过改变基本图形的形状或色彩变化，并由程序自动创建中间过程的形状变化而实现的动画。

动作补间动画是在两个关键帧端点之间，通过改变舞台上实例的位置、大小、旋转角度、色彩变化等等属性，并由程序自动创建中间过程的运动变化而实现的动画。

2. 区别

逐帧动画的每一帧使用单独的画面，适合每一帧中的图像都在更改而不是仅仅简单地在舞台中移动的复杂动画，对需要进行细微改变（如头发飘动）的复杂动画是很理想的方式。

形状补间在起始端点绘制一个图形,再在终止端点绘制另一个图形,可以实现一副图形变为另一副图形的效果。

运动补间在起始端点定义一个实例的位置、大小、色彩等属性,在终止端点改变这些属性,可以实现翻转、渐隐渐现等效果。

逐帧动画保存每一帧上的完整数据,补间动画只保存帧之间不同的数据,因此运用补间动画相对于逐帧动画,可以减小文件体积。

形状补间必须是运用在被打散的形状图形之间,动画补间必须应用在组合、实例上,逐帧动画不受此限制。

逐帧动画的每一帧都是关键帧,形状补间动画帧之间是绿色背景色,两端由实线箭头相连,动作补间动画帧之间是蓝色背景色,两端也由实线箭头相连。

3．应用中需注意的问题

如果在创建补间动画时,时间轴上出现虚线箭头,表示补间不成功,应检查两个端点的对象是不是符合做形状补间或动作补间的对象。

可以利用变形提示点来控制形状渐变的效果,利用变形提示点,两端的形状越简单效果越好。

形状补间要求的元素是矢量、而动作补间要求的是元件,元件和矢量之间是可以互相转化的,元件可以通过按 Ctrl＋B 键转换为矢量,矢量可以通过按 F8 键转换为元件。

读者在深入学习 Flash 之前,必须要掌握这些基础动画的制作,为后续章节的学习打下扎实的基础。

习题 2

1．选择题

(1) 将一字符串填充不同的颜色,可先将字符串_____。

　　A. 打散　　　　　　B. 组合　　　　　　C. 转换为元件　　　D. 转换为按钮

(2) 按_____键测试动画。

　　A. Ctrl ＋Enter　　B. Ctrl ＋W　　　　C. Ctrl ＋E　　　　D. Ctrl ＋F12

(3) Flash 的动作中 Go To 命令是代表_____。

　　A. 转到　　　　　　B. 变换　　　　　　C. 播放　　　　　　D. 停止

(4) Flash 中按_____键导入外部声音素材。

　　A. Ctrl＋Shift＋S　　　　　　　　　　B. Ctrl＋R

　　C. Ctrl＋Alt＋Shift＋S　　　　　　　　D. Ctrl＋P

(5) Flash 中,可以创建_____种类型的元件。

　　A. 2　　　　　　　　B. 3　　　　　　　　C. 4　　　　　　　　D. 5

(6) 属性面板中的 Alpha 命令是专门用于调整某个实例的 _____。

　　A. 对比度　　　　　B. 高度　　　　　　C. 透明度　　　　　D. 颜色

(7) 按_____键打开对齐面板。

　　A. Ctrl＋E　　　　B. Ctrl＋Z　　　　　C. Ctrl＋K　　　　　D. Ctrl＋L

(8) 下面不属于 Flash 动画的基本类型的是_____。

A. 形状变形动画　　　　　　　　　　B. 颜色变形动画

C. 运动渐变动画　　　　　　　　　　D. 逐帧动画

(9) 时间线上绿色的帧表示_____。

A. 形变渐变　　　B. 静止　　　　C. 帧数　　　　　D. 动画速率

(10) _____就是将选中的图形对象按比例放大或缩小也可在水平方向或垂直方向分别放大或缩小。

A. 缩放对象　　　　　　　　　　　B. 水平翻转

C. 垂直翻转　　　　　　　　　　　D. 任意变形工具

(11) _____是指元素的外形发生了很大的变化,如从矩形转变成圆形。

A. 逐帧动画、移动动画　　　　　　B. 形状动画、移动动画

C. 关键帧动画、逐帧动画　　　　　D. 移动动画、形状动画

(12) _____是指元素的位置、大小及透明度等的一些变化这样的动画如飞机从远处慢慢靠近;一个基本图形的颜色由深变浅等。

A. 逐帧动画、移动动画　　　　　　B. 形状动画、移动动画

C. 关键帧动画、逐帧动画　　　　　D. 移动动画、形状动画

(13) _____是通过把称作像素的不同颜色的点安排在网格中形成。

A. 位图　　　　B. 矢量图　　　　C. 像素　　　　　D. 曲线

(14) _____显示的质量与分辨率有关因为图像的每一个数据是针对特定大小的网格。

A. 位图　　　　B. 矢量图　　　　C. 像素　　　　　D. 曲线

(15) 在使用套索工具时,在弹出的魔术棒属性对话框中平滑后的默认是_____。

A. 像素　　　　B. 粗略　　　　C. 平滑　　　　D. 正常

(16) Flash 中按_____键撤销一个操作。

A. Ctrl+Z　　　　　　　　　　　B. Ctrl+Y

C. Ctrl+Alt+Z　　　　　　　　　D. Ctrl+Shift+Z

(17) 以下关于帧锚记和注释的说法正确的是_____。

A. 帧锚记和注释的长短都将影响输出电影的大小

B. 帧锚记和注释的长短都不影响输出电影的大小

C. 帧锚记的长短不会影响输出电影的大小而注释的长短对输出电影的大小有影响

D. 帧锚记的长短会影响输出电影的大小而注释的长短对输出电影的大小不影响

(18) 关于为补间动画分布对象描述正确的是_____。

A. 用户可以快速将某一帧中的对象分布到各个独立的层中从而为不同层中的对象创建补间动画

B. 每个选中的对象都将被分布到单独的新层中没有选中的对象也分布到各个独立的层中

C. 没有选中的对象将被分布到单独的新层中选中的对象则保持在原来的位置

D. 以上说法都错

(19) 关于制作形状补间动画使用形状提示能获得最佳变形效果的说法中正确的是_____。

  A. 在复杂的变形动画中不用创建一些中间形状而仅仅使用开始和结束两个形状

  B. 确保形状提示的逻辑性

  C. 如果将形状提示按逆时针方向从形状的右上角位置开始则变形效果将会更好

  D. 以上说法都错

(20) 在 Flash 中要绘制精确的直线或曲线路径可以使用_____。

  A. 铅笔工具 B. 钢笔工具 C. 刷子工具 D. A 和 B 都正确

(21) 按_____键把文字分离到层。

  A. Ctrl+A B. Ctrl+B C. Ctrl+V D. Ctrl+F

(22) 如果要导出某种字体并在其他 Flash 电影中使用,应该使用_____元件。

  A. 字体元件 B. 电影剪辑 C. 图形元件 D. 按钮元件

2. 多选题

(1) 编辑新层时_____才不会破坏其他层。

  A. 在层名称旁边的按钮里选择锁定 B. 在层名称旁边的按钮里选择锁隐藏

  C. 删除图层 D. 添加图层

(2) 以下_____动画属于形状补间动画。

  A. 字母变数字 B. 探照灯效果

  C. 三角变矩形 D. 蝴蝶飞舞路径

(3) _____选择工作区中所有对象。

  A. 打开【编辑】菜单下的【全选】命令 B. 打开【文件】菜单下的【全选】命令

  C. 按 Ctrl+B 键 D. 按 Ctrl+A 键

(4) 填充工具包括_____。

  A. 纯色 B. 线性 C. 放射状 D. 位图

(5) 橡皮擦工具形状包括_____。

  A. 星形 B. 正方形 C. 长方形 D. 圆形

(6) 下列_____位图文件格式可以导入到 flash 内。

  A. BMP B. JPG C. PSD D. GIF

(7) 在"混色器面板"中可选择的色彩模式有_____。

  A. RGB B. CMYK C. HSB D. LAB

(8) 文字样式包括_____。

  A. 正常 B. 粗体 C. 下划线 D. 斜体

(9) 下列说法正确的是_____。

  A. 在制作电影时背景层将位于时间轴的最底层

  B. 一般来说帧并帧动画是用来制作复杂的动画

  C. 一般来说帧并帧动画文件量比补间动画小

  D. 在制作电影时背景层可以位于任何层

(10) 以下关于逐帧动画和补间动画的说法正确的是_____。

  A. 两种动画模式都必须记录完整的各帧信息

B. 前者必须记录各帧的完整记录而后者不用

C. 前者不必记录各帧的完整记录而后者必须记录完整的各帧记录

D. 以上说法均不对

（11）下面对将舞台上的整个动画移动到其他位置的操作说法错误的是_____。

A. 首先要取消要移动层的锁定同时把不需要移动的层锁定

B. 在移动整个动画到其他位置时不需要单击时间轴上的编辑多个帧按钮

C. 在移动整个动画到其他位置时需要使绘图纸标记覆盖所有帧

D. 在移动整个动画到其他位置时对不需要移动的层可以隐藏

3. 填空题

（1）元件在 Flash 中可以分为_____、_____和_____。

（2）制作运动补间动画的元素必须是_____。

（3）复制帧的快捷操作是_____。

（4）按_____键可打开库面板。

（5）用椭圆工具来画一个圆要按住_____键，同时拖曳鼠标。

4. 操作题

（1）利用素材"fla\第 2 章\奔马素材"文件下的图片，导入到 Flash 中，建立逐帧动画"奔马.fla"，如图 2-53（a）所示。

（2）利用素材"fla\第 2 章\走路素材"文件下的图片，导入到 Flash 中，建立逐帧动画"走路.fla"，如图 2-53（b）所示。

（3）利用文字逐帧动画制作逐帧显示自己的姓和名。

（4）利用逐帧动画制作原理，发挥自己的想象能力，制作类似下图 2-54 所示的声音控制动画。图形以参考"fla\第 2 章\sound.swf"。

  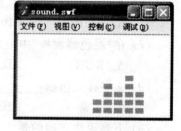

(a) 第(1)题样张　　　　(b) 第(2)题样张

图 2-53　操作题(1)用图　　　　图 2-54　操作题(4)用图

（5）参照"fla\第 2 章\头发飘飘的侠士.swf"实例的制作过程，打开"fla\第 2 章\头发飘飘的侠士.fla"，利用库中的相关元件，将其修改为如图 2-55 所示的效果。

要求如下：

① 使得头发具备染色的效果（复制图层、改变矢量颜色）。

② 使得辫子具备随风飘动的效果。

（6）打开"fla\第 2 章\形状动画翻书效果.swf."，仔细研究形状渐变形成的翻书效果。

（7）利用形状渐变，以及"fla\第 2 章\门.jpg"，制作如图 2-56 所示的"开门.fla"，具体样张可参考"fla/第 2 章/开门.swf"。

图 2-55 操作题(5)用图

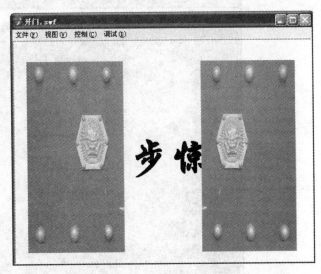

图 2-56 操作题(7)用图

（8）参照"神奇的桌球.swf"实例的制作过程，发挥自己的想象力，制作神奇的桌球击球、进洞效果。

要求：

① 至少 3 个红球。

一杆进洞。

② 打开"fla\第 2 章\旋转.fla"，制作如"fla\第 2 章\旋转.swf"一样的动画，如图 2-57 所示。

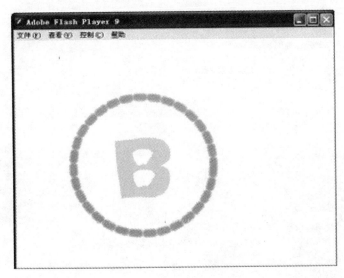

图 2-57 操作题(9)用图

（9）利用刷子工具和椭圆工具，制作如"fla\第 2 章\流星.swf"一样的形状动画，如图 2-58 所示。

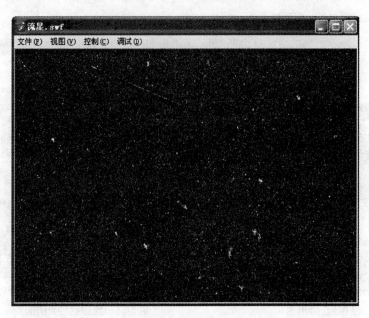

图 2-58   操作题(10)用图

（10）模仿逐帧动画的章节的实例 2-3，对仕女的另一个眼睛，制作眨眼动画。

第3章
特殊图层动画

本章学习指引:

- 掌握引导线动画的制作;
- 掌握遮罩动画的制作;
- 掌握引导线配合遮罩的综合动画制作。

3.1 引导线动画

在前面的关于动作补间动画的学习中,已知如何设置一个元件在舞台上进行位移动画,但这种位移动画是线性的,即运动的元件总是从起点沿着直线方向运动到终点。对于有些生活中的动画依靠这样的线性位移,显然不能达到要求,如飘落的树叶、沿着盘山公路蜿蜒爬行的汽车等。如何实现这种非线性的位置移动呢? Flash 给读者提供了一种基于引导线的位置移动动画,下面就来学习这种动画。

3.1.1 关于引导线动画

在 Flash 中引入了引导线动画的概念后,可以使得运动的元件不再是进行直线运动,可以沿着事先设定好的路径运动,路径是读者用钢笔、铅笔、线条、椭圆工具或画笔工具等绘制出的线段。

可以看出,对于引导线动画必须具备两个要素:引导线和被引导的元件。在 Flash 中,是依靠两个图层来实现这两个要素的,即一个图层放置引导线,这个图层被称为【引导层】,一个图层放置被引导的元件,叫做【被引导层】。这两个图层必须是引导层在上,被引导层在下,而且两个图层必须形成一个引导关系,如图 3-1 所示。

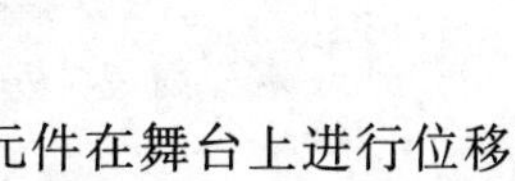

【引导层】是用来指示元件运动路径的,【被引导层】中的对象是跟着引导线走的,可以使用影片剪辑、图形元件、按钮、文字等,但不能是矢量。

图 3-1 引导线动画基本图层结构

3.1.2 如何制作引导线动画

要成功的制作引导线动画,读者必须掌握下面的一些操作技巧,否则引导线动画就有可能制作不成功。

1. 绘制引导线

新建一个图层,命名为【引导层】,在工具栏上选中铅笔工具 ✐,并在工具栏的下方,将铅笔的模式调整为"平滑",如图3-2所示。因为过于陡峭的引导线可能使引导动画失败,而平滑的线段有利于引导动画成功制作。对铅笔工具设置好之后,使用它在【引导层】上画一个路径,而路径的颜色和粗线是无所谓的,因为引导层中的内容在播放时是看不见的。引导线允许重叠,如螺旋状引导线。但在重叠处的线段必须保持圆润,如图3-3所示。Flash能辨认路径走向,否则会使引导失败。

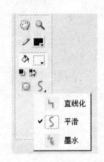

一般路径　　螺旋路径

图3-2　铅笔的平滑模式　　　　　　图3-3　几种常用路径

2. 设置引导层

绘制完引导线之后,将该图层变成引导层:右击【引导层】,在弹出的快显菜单中,选择【引导层】命令,此时,引导层的图标变成榔头 ✎,这也标志着该图层已经成为引导层了。

3. 设置被引导层

新建一个图层【被引导层】,使其位于【引导层】下方,在图层中绘制元件"小球",绘制步骤略。绘制完成后,右击【被引导层】,在弹出的快显菜单中,选择【属性】命令,弹出如图3-4所示的"图层属性"对话框,在【类型】中选择【被引导】单选按钮(注意如果将某个图层从被引导层降格成普通图层,只需在【类型】中选择【一般】)。此时,被引导层被缩进的同时,图标变成 ▣,这也标志着该图层已经成为被引导层了。引导层的图标由榔头 ✎ 变成虚线圆弧 ⌒,两个图层的位置见图3-1,表示了两个图层之间的引导关系也建立了。

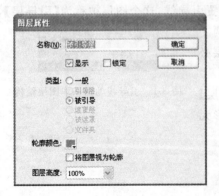

图3-4　"图层属性"对话框

4. 附着

图层建立之后,最重要的操作就是在【被引导层】中对被引导元件进行设置,使得被引导元件能够沿着路径进行运动。这个操作可以形象的称为"附着",即元件"附着"在"引导线"上。进行这个操作时需要特别注意"引导线"的两端,被引导的元件首帧、尾帧的

两个"中心点"一定要对准"引导线"的两个端头,如图 3-5(a)所示。下面介绍下附着的
技巧:

　　【被引导层】中的对象在被引导运动时,在属性
面板上,选中图 3-5(b)中的工具栏上的贴紧至对象
工具，对象的基线就会调整到运动路径,可以使
"对象附着于引导线"的操作更容易成功,拖动对象
时,对象的中心会自动吸附到路径端点上。元件的
中心一定要对准路径的开始和结束的端点。否则
无法引导。如果元件为不规则图形,可以用任意变
形工具调整中心点。

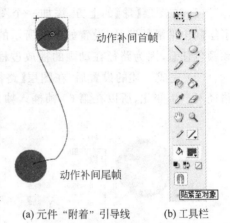

动作补间首帧

动作补间尾帧

　　经过上述步骤后,引导线动画也就基本完成,
可以看出引导线动画依然属于动作补间的范畴,所
不同的是,这种动画加入了一个特殊的图层——引
导层,该图层放置的路径实现了元件可以按照它进
行引导线运动。

(a) 元件"附着"引导线　　　(b) 工具栏

图 3-5　"附着"的操作细节

3.1.3　单引导线动画的制作

　　在引导线动画的制作中,引导层只放置 1 条路径,而被引导层放置按照路径运动的元件。这样的引导线动画可以称为单引导线动画,是最简单的引导线动画。下面通过实例学习这种动画。

　　实例 3-1　跳动的小球。

　　【实例目的】　掌握单引导线动画的制作。

　　【实例重点】　绘制渐变色画小球,掌握画引导线的方法。

　　【实例步骤】

　　1. 新建文件

　　打开 Flash,执行【文件】|【新建】命令,新建一个影片文档,舞台的设置保持默认值,并通过按 Ctrl＋S 键,将该文件保存为"弹跳的球.fla"。

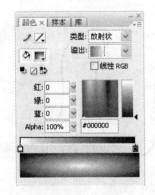

图 3-6　颜色对话框

　　2. 绘制元件

　　(1) 将【图层 1】命名为【球】,选中工具栏的椭圆工具，关闭笔触颜色，选择填充颜色，勾选菜单栏【窗口】|【颜色】,显示【颜色】对话框,如图 3-6 所示,在【颜色】对话框中,先将【类型】修改为【放射状】,然后再调节下面的黑、白两个色块。如果要画一个蓝色的球,只要双击黑色块,在颜色调色板中选择蓝色。

　　(2) 上述设置完成后,在图层【球】的舞台上用椭圆工具画一个 95×95 的球,并按 F8 键,将其转换为图形元件,如图 3-7所示。将该元件取名为"球",最后将图层【球】锁定。

3. 绘制路径

(1) 在图层【球】的上方,添加一个图层,命名为【路径】,工具栏中选中铅笔工具 ✏,为了绘制出平滑的路径,设置如下图所示的铅笔模式为平滑 S,如图 3-8(a)所示。线条粗线和颜色任意,因为路径在动画的播放过程中是隐藏的。

(2) 完成上述的设置后,在图层【路径】中绘制如图 3-8(b)所示的路径,因为动画过程中路径不产生变化,所以在第 60 帧插入帧。

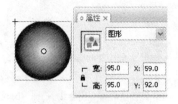

图 3-7　绘制球的属性

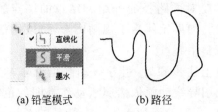

(a) 铅笔模式　　　　(b) 路径

图 3-8　使用铅笔绘制路径

4. 设置并完成引导线动画

(1) 右单击图层【路径】,设置为【引导层】,图层图标变为 ，表示该图层已经成为了引导层。

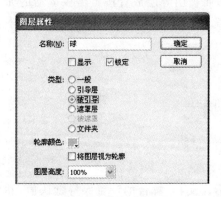

图 3-9　属性对话框

(2) 对图层【球】解锁,右击图层【球】,在快显菜单中选择【属性】命令,如图 3-9 所示。

选中图 3-9【类型】中的【被引导】,则图层【球】变为被引导图层,两个图层的图标同时发生了变化,这也证明引导线设置成功。

(3) 选中图层【球】,在第 60 帧插入关键帧。设置第一帧球的位置和第 60 帧的位置分别位于路径首尾两端。一定要确保球的几何中心圆圈,被路径贯穿,才算球附着于路径。这样元件将依附于引导图层的路径发生变化。如图 3-10(a)所示的情况是不正确的,而如图 3-10(b)所示的设置才是正确的。

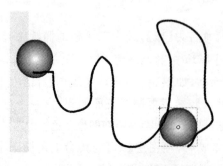
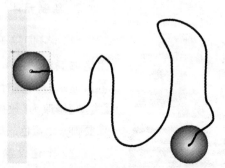

(a) 错误的元件"附着"　　　　　　　(b) 正确的元件"附着"

图 3-10　球依附于路径的设置

（4）图层【球】的第 1 和第 60 帧设置完成后，便可右击图层【球】，生成动作补间动画。

（5）实例制作完成的图层结构如图 3-11 所示。

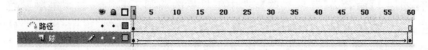

图 3-11 实例 3-1 的图层结构

（6）执行【控制】|【测试影片】命令，观察动画效果，如果要导出 Flash 的播放文件，执行【文件】|【导出】|【导出影片】命令。按 Ctrl＋Enter 键测试效果如图 3-12 所示。

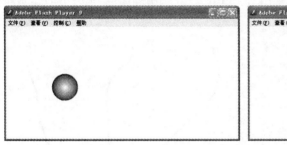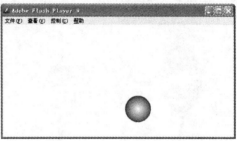

图 3-12 实例 3-1 的演示效果

【实例总结】

该实例的重点：从结构上了解引导线动画的特点，即引导线图层位于元件图层的上方，引导线只能是矢量，不能是元件。在动画的播放过程中，可以调节路径的显示，默认的情况是路径不显示。绘制路径的时候，线条的粗细和颜色可以任意。

3.1.4 多引导线动画的制作

3.1.3 节介绍了如何使得元件依附于路径运动，但是如果在一个完整动画过程中，有很多的元件都要依附于自己的路径运动，如好多上升的气球、好多下落的树叶，各个气球和树叶都有各自运动的轨迹，这样的动画在实现上是不是一定按照一个引导层，一个被引导层的顺序建立图层结构来构建动画呢？答案是否定的，因为可以将多条引导线集成在一个引导层中，但是元件不能集成在一个图层中，所以这样的动画实质，就是一个引导图层，引导很多元件图层运动，也将这样的引导线动画称为"多引导线动画"。下面通过一个上升的气球实例，解释下这种动画的生成。

实例 3-2 上升的气球。

【实例目的】 掌握多重引导线的应用。

【实例重点】 掌握绘制气球的方法。

【实例步骤】

1．新建文件

（1）打开 Flash，执行【文件】|【新建】命令，新建一个影片文档，舞台的设置保持默认值，并通过按 Ctrl＋S 键，将该文件保存为"上升的气球.fla"。

2.绘制气球元件和路径

(1)将【图层1】命名为【蓝色气球】,选中工具栏的椭圆工具 ,关闭笔触颜色 ,选择填充颜色 ,模仿上例中绘制球的步骤,绘制一个蓝色的椭圆,再用"铅笔工具" 绘制一根线,用"多角星形工具" 绘制一个线和气球的链接点,如图3-13所示。

(2)按F8键将其转换为图形元件,并取名为【蓝色气球】,依照同样的方法,建立三个图层,分别放置三个气球元件,名称分别为【黄色气球】和【红色气球】。效果如图3-13所示。

(3)最底层建立一个图层,命名为【天空背景】,并从"fla\素材.fla"中,导入素材"天空"。

(4)在三个气球图层的上方,建立一个【路径】图层,并绘制如图3-14所示的三条路径,作为三个气球的运动轨迹。

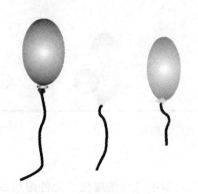
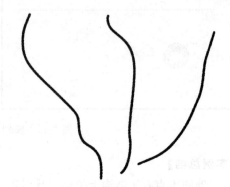

图3-13　绘制的气球　　　　　　　　图3-14　三个气球运动的路径

3.生成动画

(1)右击图层【路径】,将其设为"引导层",另外三个气球图层设为"被引导层"。

(2)对【路径】图层和【天空背景】图层,在第60帧插入帧,对三个气球图层,在第60帧插入关键帧,首、尾帧的设置如图3-15所示。

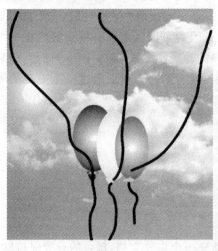
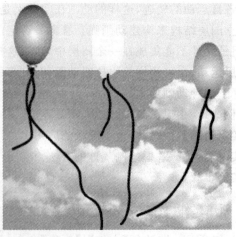

图3-15　三个气球的首尾帧设置

（3）分别右击三个气球图层，选择【创建补间动画】，生成动画。

（4）实例制作完成的图层结构如图 3-16 所示，请重点掌握这种多引导线图层动画的图层结构：一个引导图层下面附带多个被引导图层。

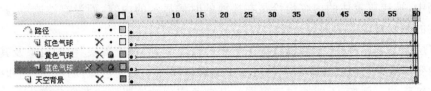

图 3-16 实例 3-2 的图层结构

（5）执行【控制】|【测试影片】命令，观察动画效果，如果要导出 Flash 的播放文件，执行【文件】|【导出】|【导出影片】命令。按 Ctrl＋Enter 键测试效果如图 3-17 所示。

图 3-17 实例 3-2 的演示效果

【实例总结】

该实例的重点：结构上了解多引导线动画的特点，即一个引导线图层下面附带多个被引导图层。

3.2 遮罩层动画

3.2.1 关于遮罩层动画

上述提到的引导线动画，是 Flash 利用特殊的图层"引导层"实现的一种可以使得元件按照规定的路径进行运动的动画。除此之外，Flash 还有个特殊的图层：遮罩层。基于遮罩层产生的动画，就叫做遮罩层动画，它是 Flash 中的一个很重要的动画类型，很多效果丰富的动画都是通过遮罩动画完成的。在 Flash 的图层中有一个遮罩图层类型,为了得到特殊的显示效果,可以在遮罩层上创建一个任意形状的"遮罩",遮罩层下方的对象可以通过该"遮罩"显示,而"遮罩"之外的对象将不会显示。请读者仔细理解这种错位,通俗地讲,即在制作动画中,被遮罩盖住的内容恰恰是在播放的时候显示的内容,而没有被遮罩盖住的内容是在播放的时候被隐藏的内容。

遮罩层的基本原理是,能够透过该图层中的对象看到"被遮罩层"中的对象及其属性(包括它们的变形效果),但是遮罩层中的对象中的许多属性如渐变色、透明度、颜色和线条样式等却是被忽略的。例如,不能通过遮罩层的渐变色实现被遮罩层的渐变色变化。

遮罩层动画的一些技巧和注意事项:

- 要在场景中显示遮罩效果,可以锁定遮罩层和被遮罩层。
- 可以用 ActionScript 动作语句建立遮罩,但这种情况下只能有一个"被遮罩层",同时,不能设置_alpha 属性。
- 不能用一个遮罩层试图遮蔽另一个遮罩层。
- 遮罩可以应用在 gif 动画上。
- 在制作过程中,遮罩层经常挡住下层的元件,影响视线,无法编辑,可以单击遮罩层时间轴面板的显示图层轮廓按钮,使遮罩层只显示边框形状,在这种情况下,还可以拖动边框调整遮罩图形的外形和位置。
- 在被遮罩层中不能放置动态文本。

3.2.2 如何制作遮罩层动画

要成功的制作一个遮罩动画,也必须掌握操作它的一些步骤,概括如下:

1. 创建遮罩

在 Flash 中没有专门的按钮用来创建遮罩层,遮罩层其实是由普通图层转化的。只要在某个图层上右击,在弹出菜单中选择【遮罩层】命令,该图层的图标会从普通层图标变为遮罩层图标 ■,表示该图层已经是遮罩层了,如果遮罩层下面还有一层,系统会自动把遮罩层下面的一层设置为【被遮罩层】,在缩进的同时图标变为 ■,如果想把更多层设置为被遮罩,只需把这些层拖到被遮罩层下面就可以。图 3-18 所示是一个最简单的遮罩层动画的图层结构。

图 3-18 遮罩层动画的
图层结构

遮罩层中的对象在播放时是看不到的,遮罩层中的内容可以是按钮、影片剪辑、图形、位图、文字等,但不能使用线条,如果一定要用线条,可以将线条转化为"填充"。

可以在遮罩层中使用形状补间动画、动作补间动画、引导线动画等动画手段,从而使遮罩动画变成一个可以施展无限想象力的创作空间。

2. 创建被遮罩

如果图层位于遮罩层的下方,在创建遮罩层的同时,会自动将该图层设置为被遮罩图层,如果是先创建了遮罩层,再在下面添加被遮罩层的话,只要创建一个普通图层,然后将该图层拖动到遮罩层的下方,则该图层自动变为被遮罩层。这种自动关联有时也会帮倒忙,如果想某个图层位于遮罩层的下面,而又不想该图层变为被遮罩层,则右击该图层,在随后的快显菜单中选择【属性】命令,在如图 3-19 所示的"图层属性"对话框中,将【类型】设置为【一般】,该图层就降格为普通图层了。

图 3-19 "图层属性"对话框

被遮罩层中的对象只能透过遮罩层中的对象被看到。在被遮罩层,可以使用按钮、影片剪辑、图形、位图、文字、线条。

和遮罩层一样,可以在被遮罩层中使用形状补间动画、动作补间动画、引导线动画等动画手段。

3.2.3 单遮罩层动画的制作

这种动画基本是由一个遮罩层和一个被遮罩层构成,然而不同于引导线动画的是,遮罩动画的遮罩层本身可以包含动画,被遮罩层也可以包含动画。

实例 3-3 电影中的滚动字幕。

【实例目的】 掌握遮罩层静止、被遮罩层运动的动画。

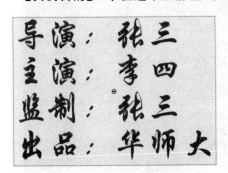

图 3-20 "字幕"图层的文字

【实例步骤】

1) 新建文件

打开 Flash,执行【文件】|【新建】命令,新建一个影片文档,舞台的设置保持默认值,并通过按 Ctrl+S 键,将该文件保存为"滚动字幕.fla"。

2) 绘制字幕和遮罩

(1) 在【图层 1】中,利用工具栏的文本工具 T,输入字体为【华文行楷】,字号为 65 的【蓝色】文字,并将图层命名为【字幕】,如图 3-20 所示。

(2) 在【字幕】图层的上方,添加一个【遮罩】图层,并在图层中绘制一个宽 550、高 200 的红色矩形作为遮罩。

3) 产生动画

(1) 对【字幕】图层,在第 60 帧插入关键帧,对【遮罩】图层在第 60 帧插入帧。

(2) 对【字幕】图层进行首、尾帧的设置,如图 3-21 所示。

(3) 右击【遮罩】图层,将该层设为遮罩层,并单击【字幕】图层的第一帧,生成【动作补间】动画。

(4) 实例制作完成后的图层,如图 3-22 所示。

(5) 执行【控制】|【测试影片】命令,观察动画效果,如果要导出 Flash 的播放文件,执行【文件】|【导出】|【导出影片】命令。按 Ctrl+Enter 键,测试效果如图 3-23 所示。

【实例总结】

该实例的难点:被遮罩层不是简单的元件,而是由一个普通的动作补间动画构成。

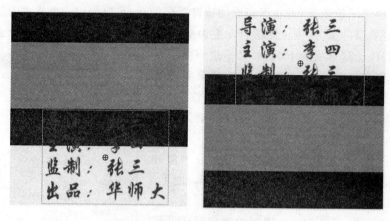

图 3-21 【字幕】图层的首、尾帧

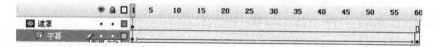

图 3-22 实例 3-3 的图层结构

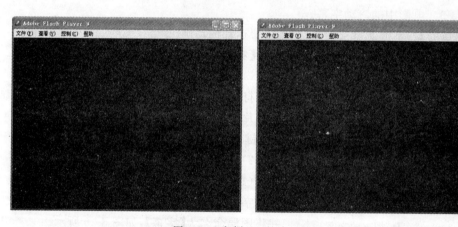

图 3-23 实例 3-3 的演示效果

实例 3-4 彩虹字。

【实例目的】 掌握遮罩层运动、被遮罩层静止的动画

【实例步骤】

1) 新建文件

打开 Flash,执行【文件】|【新建】命令,新建一个影片文档,舞台的设置保持默认值,并通过按 Ctrl+S 键,将该文件保存为"彩虹字 fla"。

2) 绘制字幕和遮罩

(1) 在【图层 1】中,利用工具栏的文本工具 T ,输入字体为【华文行楷】,字号为 65 的黑色文字"大家好",并将图层命名为【文字遮罩】,如图 3-24(b)所示。

(2) 在【文字遮罩】图层的下方,添加一个【彩虹背景】图层,选中工具栏的矩形工具 ,

关闭轮廓色,并将填充色设置为彩虹色,设置方法如图 3-24(a)所示。设置完成后在该图层绘制一个宽 600、高 100 的彩色矩形作为背景。

(a) 设置彩虹色为填充色   (b) 文字效果

图 3-24 制作彩虹背景和文字

3）产生动画

(1) 对【文字遮罩】图层,在第 30 帧插入关键帧,对【彩虹背景】图层在第 30 帧插入帧。

(2) 对【文字遮罩】图层进行首、尾帧的设置,分别从舞台的左边移动到舞台的右边。

(3) 右单击【文字遮罩】图层,将该图层设为遮罩层,并右击【文字遮罩】图层的第一帧,生成【动作补间】动画。

(4) 实例制作完成后的图层,如图 3-25 所示。

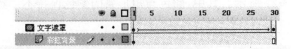

图 3-25 实例 3-4 的图层结构

(5) 执行【控制】|【测试影片】命令,观察动画效果,如果要导出 Flash 的播放文件,执行【文件】|【导出】|【导出影片】命令。按 Ctrl＋Enter 键,测试效果如图 3-26 所示。

图 3-26 实例 3-4 的演示效果

【实例总结】

该实例的难点：掌握在遮罩层放置动作补间动画,而被遮罩层保持静止不动的遮罩层动画制作。

3.2.4 双遮罩动画的制作

3.2.3节的遮罩动画着重阐述了一个遮罩层和一个被遮罩层形成的遮罩动画,而该节将扩展遮罩动画,介绍下多个遮罩动画共同完成一个动画效果的一些实例以及制作方法。

实例3-5 放大镜的制作。

【实例目的】 掌握双遮罩的应用。

【实例重点】 利用双遮罩,一层遮罩遮住小字,一层遮罩显示大字。

【实例步骤】

1) 新建文件

打开Flash,执行【文件】|【新建】命令,新建一个影片文档,舞台的设置保持默认值,并通过按Ctrl+S键,将该文件保存为"放大镜.fla"。

2) 绘制元件

(1) 在【图层1】中,利用工具栏的矩形工具,关闭轮廓色,利用填充色,画一个900×80的矩形条,颜色任意(因为遮罩的颜色不会显示),矩形条的右边和舞台的右边界吻合,如图3-27所示。

(2) 同样的步骤在该图层,利用工具栏的椭圆工具 ⬭ ,关闭轮廓色,利用填充色,画一个64×64的圆,如图3-27所示。其中,颜色与矩形条的颜色保持不一致,方便抠图。

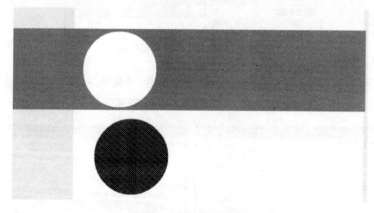

图3-27 圆和矩形遮罩

(3) 将圆拖曳至矩形条的上面,注意圆的左边,距离舞台的左边大概50左右的距离,然后分别单击圆与矩形条,让它们完成颜色的混合,以方便接下来的抠图。

(4) 单击圆,按Ctrl+X键对圆进行剪切,然后再复制到矩形条的外面,这样圆和被抠掉的矩形条就形成了。分别单击圆和矩形条,按F8键,将它们转换成图形元件,圆的元件名称叫【显大字】,矩形条的元件名字叫【遮小字】。此时库里的内容如图3-28所示。

名称	类型	▲
🖼 显大字	图形	
🖼 遮小字	图形	

图3-28 元件库中的内容

(5) 把舞台上的元件全部删除,这个操作并不会影响到库中的内容。

3) 制作遮小字的效果

(1) 给【图层1】命名为【小字】,并在图层中输入【华文行楷】中【蓝色】的44号字:"祝祖国繁荣富强",为了和大字保持相当的位置对应,在每个字之间保持两个空格的间距,如图 3-29 所示。

图 3-29 小字内容

(2) 在【小字】图层之上,添加一个【遮小字】的图层,把库里"遮小字"元件拖曳到图层上,并在第 1 帧调整与小字的位置,如图 3-30 所示。

图 3-30 第 1 帧小字内容与"遮小字"元件

(3) 在时间轴的第 60 帧位置,分别对【小字】图层插入帧和【遮小字】图层插入关键帧,调整【遮小字】图层的第 60 帧关键帧,遮罩的位置,如图 3-31 所示。

图 3-31 第 60 帧小字内容与"遮小字"元件

(4) 右击【遮小字】图层,将该层设为遮罩层,并单击【遮小字】图层的第一帧,生成【动作补间】动画。

(5) 按 Ctrl+Enter 键,进行测试。

4)制作显大字的效果

(1) 在上面的基础上,插入一个新的图层命名为【大字】,并在图层中输入【华文行楷】的 65 号字:"祝祖国繁荣富强",此时注意要尽量和小字的位置保持一致,如图 3-32 所示。

图 3-32 大字和小字的位置关系

(2) 再插入一个图层,命名为【显大字】,并从库里将【显大字】元件拖曳到该图层,并在第 1 帧调整与大字的位置,如图 3-33 所示。

图 3-33 第 1 帧大字和"显大字"元件遮罩的位置关系

（3）在时间轴的第 60 帧位置，分别对【大字】图层插入帧和【显大字】图层插入关键帧，调整【显大字】图层的第 60 帧关键帧，遮罩的位置如图 3-34 所示。

图 3-34　第 60 帧大字和"显大字"元件遮罩的位置关系

（4）右击【显大字】图层，将该层设为遮罩层，并单击【显大字】图层的第一帧，生成【动作补间】动画。

（5）按 Ctrl＋Enter 键，进行测试。

5）制作放大镜的轮廓

（1）新建一个图层，命名为【放大镜】，锁定除了【显大字】外的所有图层，这样可以比对着【显大字】的位置，画一个放大镜的轮廓。

（2）在【放大镜】图层，关闭填充色，将轮廓色调为"黑色"，画一个圆形的轮廓，大小和【显大字】遮罩的大小匹配，在画一个同样大小的淡蓝色的圆形区域，并将其转换为元件，取名为【镜片】，并调整其透明度为 50％，再画一个矩形的手柄，然后把它们组合成一个放大镜，并按 F8 键形成元件"放大镜"，如图 3-35 所示。

（3）在时间轴的第 60 帧位置，对【放大镜】图层插入关键帧，调整【放大镜】图层的第 60 帧关键帧的位置，如图 3-36 所示。

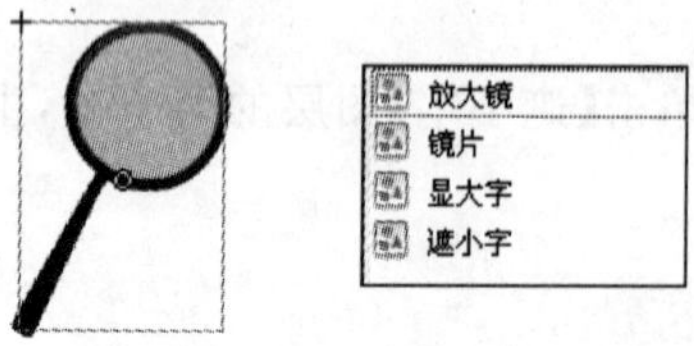

图 3-35　放大镜的最终效果 　　　　　图 3-36　第 60 帧处放大镜的位置

（4）单击【放大镜】图层的第 1 帧，生成【动作补间】动画。

（5）实例 3-5 制作完成后的图层结构，如图 3-37 所示。

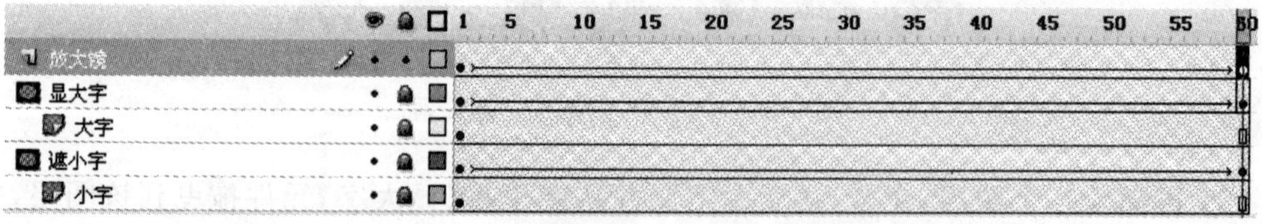

图 3-37　实例 3-5 的图层结构

（6）执行【控制】|【测试影片】命令，观察动画效果，如果要导出 Flash 的播放文件，执行【文件】|【导出】|【导出影片】命令。按 Ctrl＋Enter 键，测试效果如图 3-38 所示。

【实例总结】

该实例的难点：调整大字与小字的相对位置；起遮盖小字作用的矩形条要足够长，否则后面的小字刚刚遮住，前面的小字就漏出来了。进行遮罩的元件必须是图形元件，不能是

图 3-38　实例 3-5 的演示效果

影片剪辑。

3.2.5　形状渐变构成的遮罩

在构成遮罩动画的两个图层——遮罩层和被遮罩层中,前面的动画大都是两个图层发生动作补间,而实际上,遮罩层发生形状补间的应用也非常多,下面的实例可以说明这一点。

实例 3-6　汽车倒影的制作。

【实例目的】　掌握遮罩层发生形状补间的应用。

【实例重点】　遮罩层发生形状补间;利用菜单栏"变形"对元件进行垂直翻转或水平翻转。

【实例步骤】

1) 新建文件

打开 Flash,执行【文件】|【新建】命令,新建一个影片文档,舞台的设置保持默认值,并通过按 Ctrl＋S 键,将该文件保存为"汽车倒影.fla"。

2) 绘制元件

(1) 打开本书附带的文件"fla\素材.fla",在库中,把"凯美瑞"元件拖曳到"汽车倒影.fla"的【图层1】中,通过自由形变工具 ,调整它的大小,使得该元件的高度是舞台高度的一半,并把【图层1】命名为【汽车】。

(2) 新建一个图层,命名为【汽车倒影】,使该图层位于【汽车】图层的下方,通过复制帧,将【汽车】图层的汽车元件复制到该图层中,再选中它,通过菜单栏【修改】|【变形】,将元件进行水平翻转,如图 3-39 所示。

(3) 在【汽车倒影】图层的上面插入一个新的图层【条纹遮罩】,在该图层中画多条细条纹(注意细条纹必须用矩形工具画),使得所画的条纹能遮过汽车,如图 3-40 所示。

(4) 对【汽车】图层、【条纹遮罩】图层、【汽车倒影】图层,分别在时间轴的第 60 帧上,插入普通帧、关键帧、普通帧。

(5) 选择【条纹遮罩】图层的第 60 帧,用键盘的方向键,略微在竖直方向上调下条纹的位置,右单击该图层的第 1 帧,生成形状补间动画。

(6) 在所有图层的最下方,插入最后一个图层,命名为【汽车背景】,将【汽车倒影】图层的第 1 帧复制过来,并同时将图层调整为普通图层。

(7) 用键盘的方向键,略微在竖直方向上调整汽车背景的位置,使得它与【汽车倒影】图层的汽车有一定的错位。请读者思考为什么要有这个错位。

图 3-39　汽车以及其翻转效果

图 3-40　条纹遮罩

(8)实例 3-6 制作完成后的图层结构图,如图 3-41 所示。

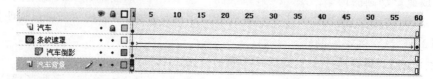

图 3-41　实例 3-6 图层结构图

(9)执行【控制】|【测试影片】命令,观察动画效果,如果要导出 Flash 的播放文件,执行【文件】|【导出】|【导出影片】命令。按 Ctrl+Enter 键,测试效果如图 3-42 所示。

【实例总结】

该实例的难点:遮罩中如果需要使用线条,不能使用铅笔、钢笔等绘图工具绘制,只能用矩形框填充。对汽车倒影做了遮罩后,按照遮罩的原理,该汽车倒影只能看到由细小的条状遮罩遮住的地方,伴随着条状遮罩发生形状补间,看到的汽车倒影也是断断续续,这时候一定要在最下面放置一个普通的汽车倒影图层,并且和被遮罩的汽车倒影有点错位,才能感觉到车子流动的感觉。请仔细体会这种动画制作手法。

图 3-42　实例 3-6 效果演示图

3.2.6　利用遮罩产生勾勒线条

在 Flash 的众多广告应用中,勾勒线条的应用非常广泛,通常用在勾勒各种 IT 产品、汽车等充满时尚与动感的物品上,以凸显它们的线条特征,达到炫酷、流线的感觉。这种应用的核心技术依然是遮罩。

实例 3-7 勾勒线条。

【**实例目的**】 掌握勾勒线条的应用。

【**实例重点**】 掌握墨水瓶工具的使用方法。

【**实例步骤**】

1）新建文件

打开 Flash,执行【文件】|【新建】命令,新建一个影片文档,舞台的背景色设置为蓝色(♯0066FF),其余保持默认值,并通过按 Ctrl+S 键,将该文件保存为"车流线效果.fla"。

2）绘制汽车轮廓线条

(1) 从"fla\素材.fla"中,将元件"本田"拖曳到"车流线效果.fla"的舞台上,为了绘制出汽车的轮廓,必须将元件转换为矢量,所以单击元件,按 Ctrl+B 键,将元件转换为矢量。

(2) 选中矢量,单击工具栏的套索工具 ,在工具栏的下方,再选中魔术棒工具 ,此时鼠标的外形还是套索工具的外形,移动鼠标慢慢靠近矢量的边缘,当鼠标变为魔术棒的外形时,单击,将选中矢量车子外的杂色,如图 3-43(a)所示。

(a) 处理前效果   (b) 处理后效果

图 3-43 车子杂色的处理

(3) 按 Del 键,将杂色删除,如图 3-43(b)所示。为了能够制作比较光滑的轮廓,可以反复执行步骤(2)和步骤(3)。

(4) 当矢量周围的杂色被删除之后,单击工具栏中的墨水瓶工具 ,将填充色关闭,轮廓色调成白色,并在属性面板中,将轮廓线条的粗细设置为 2.5。设置后,用墨水瓶工具单击矢量,矢量的周围将出现白色轮廓,如图 3-44(a)所示,单击汽车,按 Ctrl+X 键将其剪切,如图 3-44(b)所示。

 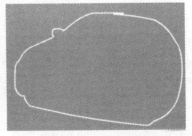

(a) 墨水瓶工具对车子进行勾勒   (b) 车子被剪切只剩轮廓效果

图 3-44 墨水瓶勾勒

(5) 插入一个图层,并命名为【汽车】,按 Ctrl＋Shift＋V 键,将刚刚剪切的汽车图案,按原位置粘贴出来。将还保存有轮廓的图层命名为【汽车轮廓】,并调整【汽车】图层位于【汽车轮廓】图层的下面,至此汽车轮廓绘制完成。

3) 制作遮罩动画

(1) 新建一个图层,命名为【遮罩】,画一个任意颜色的 350×200 的矩形条,作为遮罩,并使用工具栏中的任意变形工具 ,将其调整为如图 3-45(a)所示的形状,并将其转换为元件,命名为"遮罩"。

(a) 遮照的形状   (b) 遮照调整位置

图 3-45   遮罩元件

(2) 对于图层【汽车】、【汽车轮廓】在 18 帧插入帧,图层【遮罩】在第 18 帧插入关键帧。

(3) 在时间轴上,定位到第 18 帧,调整遮罩的位置。

(4) 右击【遮罩】图层的第 1 帧,生成【动作补间】动画。

(5) 右击【遮罩】图层,选中【遮罩层】,将其变为【遮罩层】,位于其下方的【汽车轮廓】图层,自动转换为"被遮罩图层"。

(6) 实例 3-7 制作完成后的图层结构如图 3-46 所示。

(7) 执行【控制】|【测试影片】命令,观察动画效果,如果要导出 Flash 的播放文件,执行【文件】|【导出】|【导出影片】命令。按 Ctrl＋Enter 键,测试效果如图 3-47 所示。

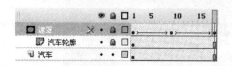

图 3-46   实例 3-7 的图层结构   图 3-47   实例 3-7 的演示效果

最后的效果：有个白色线条围绕汽车的轮廓进行流动。

【实例总结】

该实例的难点：如何使用魔术棒,进行去杂边,如何使用墨水瓶进行勾勒轮廓。通过实例掌握对这两个工具的使用。掌握使用按 Ctrl＋Shift＋V 键进行同位置粘贴的技巧，并能灵活使用。

3.3　小结

本章主要介绍了 Flash 的特殊图层动画：引导线动画和遮罩动画。下面对这两种动画进行一个简单小结。

1．特点

引导线动画是可以自定义对象运动路径，可以通过在对象上方添加一个运动路径的层，在该层中绘制运动路线，而让对象沿路线运动，而且可以将多个层链接到一个引导层，使多个对象沿同一个路线运动。

遮罩动画是 Flash 中很实用且最具潜力的功能，利用不透明的区域和这个区域以外的部分来显示和隐藏元素，从而增加了运动的复杂性，一个遮罩层可以遮罩多个被遮罩层。

2．应用中需注意的问题

- 引导层不能用做被遮罩层，遮罩层也不能用做被引导层；
- 引导项目之间不能相互嵌套，遮罩项目之间也不能相互嵌套，引导项目和遮罩项目同样不能相互嵌套；
- 线条不能用作遮罩；
- 遮罩层显示形状，被遮罩层显示内容。

习题 3

1．选择题

(1) 在绘制图形的时候要删除相连相同的颜色可以使用＿＿＿＿工具。

    A．套索工具　　　　B．魔术棒工具　　　　C．橡皮擦工具　　　　D．水龙头工具

(2) 如果想把复制的对象粘贴到本身的位置可选择＿＿＿＿。

    A．粘贴　　　　B．选择性粘贴　　　　C．粘贴到当前位置　D．多重粘贴

(3) 选择所有帧的快捷键是＿＿＿＿。

    A．Ctrl＋A　　　　B．Ctrl＋Shift＋A　　　C．Alt＋A　　　　D．Ctrl＋Alt＋A

(4) 下面＿＿＿＿选项不是铅笔绘图模式。

    A．伸直　　　　B．后面绘画　　　　C．墨水　　　　D．平滑

(5) Flash 所提供的遮罩功能，是将指定的＿＿＿＿改变成具有罩的属性，使用遮罩功能可以产生类似聚光灯扫射的效果。

    A．遮蔽　　　　B．图层　　　　C．时间轴　　　　D．属性

(6) 下列关于遮照图层说法正确的是＿＿＿＿。

    A．遮照图层必须位于被遮照图层的上方

    B．遮照图层必须位于被遮照图层的下方

C. 遮照层图形的颜色会影响被遮照图层的效果

D. 遮照层不可以包括基础动画

(7) 在 FlashMX 中,选择工具箱中的滴管工具,当单击填充区域时,该工具将自动变成_____工具。

    A. 墨水瓶工具   B. 涂料筒工具   C. 刷子工具   D. 钢笔工具

2. 多选题

(1) 图层包括_____。

    A. 背景图层   B. 普通图层   C. 引导图层   D. 遮罩图层

(2) 下列关于引导层说法正确的是_____。

    A. 为了在绘画时帮助对齐对象可以创建引导层

    B. 可以将其他层上的对象与在引导层上创建的对象对齐

    C. 引导层不出现在发布的 swf 文件中

    D. 引导层是用层名称左侧的辅助线图标表示的

(3) 在使用遮罩时,下面_____可以是用来遮盖的对象。

    A. 填充的形状   B. 文本对象

    C. 图形元件   D. 电影剪辑的实例

3. 填空题

(1) Flash 中两个比较特殊的图层为_____和_____。

(2) 制作遮罩效果至少需要_____个图层。

(3) 遮罩层的作用是在蒙板图层的对象区域范围内显示_____的内容。

(4) 引导线动画中,元件的_____一定要贯穿引导线。

4. 综合实践题

(1) 用 Flash 制作一个滚动字幕或探照灯,要求显示的内容为 Flash 具体样张可以参考"fla\第 3 章\探照灯.swf"。

提示:

① 遮罩动画。

② 多图层作业,一个图层用来放置文字,一个图层用来放置形状(形状自己设计)。若要制作滚动字幕可将文字图层设置为动作动画;若要实现探照灯效果则需使形状图层完成形状动画,如图 3-48 所示。

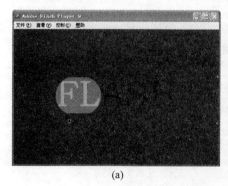
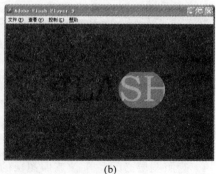

(a)   (b)

图 3-48　实践题(1)的演示效果

（2）新建一个作业"广告词.fla"，按照遮罩动画的特点，制作如图 3-49 所示的动画。（具体效果可以参考"fla\第 3 章\广告词.swf"）

图 3-49　实践题（2）的演示效果

（3）打开作业文件夹中"fla\第 3 章\作业\落叶.fla"，按照多引导线动画的要求，制作如图 3-50 所示的动画。（具体效果可以参考"fla\第 3 章\落叶.swf"）

要求：

① 叶子的数量不能小于 4 片。

② 每个叶子的路径不一样。

③ 叶子在下落的过程中，既有翻转效果又有颜色、大小的变化。

④ 对文字"落叶纷飞"制作逐帧动画。

图 3-50　实践题（3）的演示效果

（4）打开作业文件夹中"fla\第 3 章\作业\地球自转.fla"，按照多重遮罩的要求，制作如图 3-51 所示的动画。

要求：

① 两层遮罩，确保地球的自转有立体的效果。

② 在地图移动的同时，利用地理常识合理的对地图进行修改或翻转，达到正确的立体效果。例如，如果正面显示的是中国地图的话，背面应该是美国地图。

(a) 开始效果   (b) 切换后效果

图 3-51 实践题(4)的演示效果

（5）打开作业文件夹中"fla\第 3 章\作业\勾勒效果 1.fla"，制作如图 3-52 所示的动画（具体可以参考"fla\第 3 章\勾勒效果 1.swf"）。

提示：使用墨水瓶工具进行轮廓的勾勒。

(a) 开始效果   (b) 切换后效果

图 3-52 实践题(5)的演示效果

（6）打开作业文件夹中"fla\第 3 章\作业\勾勒效果 2.fla"，制作如图 3-53 所示的动画（具体可以参考"fla\第 3 章\勾勒效果 2.swf"）。

(a) 开始效果   (b) 切换的百叶窗效果

图 3-53 实践题(6)的演示效果

要求：① 人物首先做动作补间，从舞台左边出现。

② 人物在定格后，要发生亮度的变化。

③ 亮度变化之后，才发生遮罩的勾勒效果。

④ 注意勾勒线条的速度变化。

提示：使用墨水瓶工具进行轮廓的勾勒，使用魔术棒工具进行去杂色。

（7）利用遮罩的效果，打开"fla\第 3 章\作业\百叶窗作业.fla"制作如图 3-54 所示的百叶窗效果（具体可以参考"fla\第 3 章\百叶窗作业.swf"）。

(a) 开始效果   (b) 切换后的百叶窗效果

图 3-54 实践题(7)的演示效果

提示：利用多层遮罩。

（8）利用引导线图层，制作如图 3-55 所示的效果（具体可以参考"fla\第 3 章\引导汽车.swf"），素材使用"fla\素材.fla"。

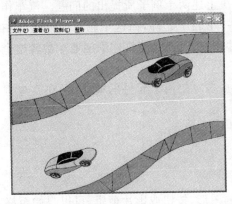
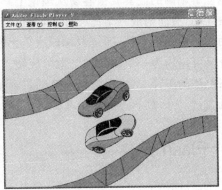

图 3-55 实践题(8)的演示效果

提示：利用引导线。

第4章 使用影片剪辑制作动画

本章学习指引：

- 掌握 Flash 的元件概念；
- 掌握 Flash 的实例的概念；
- 掌握影片剪辑；
- 掌握在 Flash 中使用影片剪辑制作动画。

通过前面章节的学习,读者可以制作各种各样的 Flash 动画,如汽车在运动、树叶沿着路径在飘落、通过遮罩可以制作彩虹字等。但是,有些动画,单靠前面的知识依然难以解决。例如,汽车在运动,如果想让汽车在运动的过程中,汽车的轮子也能看出在运动,前面的知识如何解决? 再如,可以利用引导线制作一个地球围绕太阳旋转的模拟动画,那么如何实现地球在围绕太阳旋转的同时又实现着月球还同时绕着地球转这样的动画呢? 细心的读者应该能够从这几个例子中,看到一些共同点:简而言之就是动中有动,也可以称为动画的嵌套,如果能理解动画的嵌套就很容易从理论上解决上述两个例子所提出的问题。汽车作为一个元件在运动,然而构成汽车的元件中,再包含一个轮子元件,而这个轮子元件本身在做着旋转运动。月球是个元件,围绕着地球这个元件作旋转运动,而月球围绕地球旋转这个动画系统本身又可以作为一个元件围绕太阳旋转。

在上述的解释中,包括前面章节的讲解中,多次使用了元件的概念,现在就着重介绍元件的概念,作为后续学习的一个基础。

4.1 Flash 元件

元件是指在 Flash 中创建且保存在库中的图形、按钮或影片剪辑,可以自始至终在影片中重复使用,是 Flash 动画中最基本的元素。

4.1.1 Flash 元件的种类

Flash 的元件可以分为图形元件、按钮元件和影片剪辑元件,下面介绍下这三种元件的特点和区别：

(1) 影片剪辑元件(MovieClip,MC)：可以理解为电影中的片段,完全独立于主场景时间轴并且可以重复播放。

(2) 按钮元件：实际上是一个只有 4 帧的影片剪辑,但它的时间轴不能播放,只是根据鼠标指针的动作做出简单的响应,并转到相应的帧。通过给舞台上的按钮实例添加动作语句实现 Flash 影片强大的交互性。

(3) 图形元件:是可以重复使用的静态图像,或连接到影片主时间轴上可重复播放的动画片段,图形元件与影片的时间轴同步运行。

上述三种元件各有不同用途,都是在动画制作中经常使用到的元件。按钮元件很容易理解,Flash 可以使用按钮元件制作一些交互动作,这将在第 5 章详述。

几种元件的相同点是都可以重复使用,且当需要对重复使用的元素进行修改时,只需编辑元件,而不必对所有该元件的实例一一进行修改,Flash 会根据修改的内容对所有该元件的实例进行更新。三种元件在舞台上的实例都可以在属性面板中相互改变其行为,也可以相互交换实例。

下面看这些元件之间的区别。

1．时间轴相关性

影片剪辑元件可以自动播放,而且如果不加动作控制的话会无限循环播放,可以理解为相对于主时间轴,它具备时间轴无关性。在影片剪辑里做一个动画片段,放到主场景中,只要一帧就可以播放全部。

按钮元件独特的四帧时间轴并不自动播放,而只是响应鼠标事件。

图形元件的播放完全受制于主场景时间轴,图形元件要求内部帧的数量要足够多。例如,在图形中定义了一段动画,共计 20 帧,放置图形的主时间轴中却只有三帧,那么这个图形元件在主场景中就只会播放三帧,可以理解为图形元件相对于主时间轴具备时间轴相关性。

2．对代码的支持

影片剪辑元件和按钮元件可以被代码直接进行控制,不但它们内部可以定义脚本,它们本身也可以命名并被其他代码控制。影片剪辑里的关键帧上可以加入动作语句,按钮元件则不能。

图形元件不支持代码。

3．对声音的支持

影片剪辑元件和按钮元件中都可以加入声音,图形元件则不能。

4．动画制作过程中的预览

在制作环境中,影片剪辑是不能随时浏览效果的,因为准确地说,它其实是影片里的嵌套影片。

图形元件是可以浏览效果的,可实时观看,实现所见即所得的效果。

5．导出速度

图形元件是在导出前计算属性值,而影片剪辑元件则在播放时才计算属性值,所以图形元件的输出速度比较慢。

如果用了影片剪辑制作动画,使用 Flash 导出影片是 avi 格式后,最终输出的视频中是看不到任何运动画面的。

6. 对嵌套的支持

影片剪辑元件中可以嵌套另一个影片剪辑元件,图形元件中也可以嵌套另一个图形元件,但是按钮元件中不能嵌套另一个按钮元件。三种元件可以相互嵌套。

7. 对滤镜的支持

Flash8 版本后,可以对影片剪辑使用"滤镜",具体包括"投影、模糊、发光、斜角、渐变发光、渐变斜角、调整颜色"等滤镜操作。与图形元件不同,影片剪辑和按钮在属性面板中都有"混合"一项,不过在实际应用中,使用相对较少。

4.1.2　Flash 元件和实例的区别与联系

元件是存放在 Flash 的元件库中的可以重复使用的图形、按钮、动画以及声音。将元件从元件库中拖至舞台上,就是一个元件实例。

元件实例作为元件的复制品无论在同一个场景中出现多少次都不会增加文件的体积。当用户修改元件的属性时,舞台上所有该元件的实例都发生相同改变。

通过属性面板和实例面板可设置当前实例的属性,此外将实例"分解组件"后还可修改形状,修改时库中的元件和其他元件实例都不发生变化;双击实例可进入元件编辑模式进行元件属性的修改,库中的元件和其他元件全部变化。

理解元件和实例,对使用脚本对 Flash 进行控制时非常方便。脚本对元件的控制,往往是通过元件的实例名称进行控制。

4.2　影片剪辑元件

影片剪辑被很多的闪客誉为 Flash 的灵魂,可见它在 Flash 中的地位。在元件库中,"影片剪辑"的图标是由一个蓝色底白色齿轮组成的。

1. 制作影片剪辑

在舞台中绘制一个图形后,使用选择工具 ▶ 框选这个图形,按下 F8 键转换为影片剪辑。也可以直接通过执行【插入】|【新建元件】命令,打开"创建新元件"对话框来创建"影片剪辑"。

2. 影片剪辑的应用场合

一般在 Flash 动画中,常用影片剪辑做一些循环动画,如水面运动、星光闪动、蜡烛火苗这些不需要精确时间的动画。

在动画中还有一些画面需要使用影片剪辑,如装载 Flash 读取时的动画画面、模仿DVD 似的按钮画面,可以将影片剪辑分别放到按钮"弹起,指针经过,按下"的关键帧中,这样在"按钮"不同状态下,就可以看到动态的效果。

Flash 应用除了常看到的动画短片外,Flash 游戏、课件大都是使用影片剪辑制作而成,因为影片剪辑可以被赋予脚本命令,受脚本控制,而图形元件则没有这个特点。

4.2.1 基于影片剪辑元件的动画实例

本章开篇,列举月球、地球、太阳三者之间的一个相对运动体系,要使用 Flash 模拟这个动画,必须借助于影片剪辑。先简单的分析这种运动,太阳作为旋转的中心是静止的,所以可使用矢量或图形元件制作,月球和地球作为一个运动整体围绕着太阳旋转,所以月球和地球可以作为一个影片剪辑元件进行制作。在这个影片剪辑内部,地球作为月球的旋转中心是静止的,所以地球可以作为矢量或图形元件制作,而月球可以作为图形元件,因为月球的内部没有动画。不管是月球围绕地球还是地月围绕太阳,都是旋转运动,必须使用椭圆的路径引导,所以要实现这个动画,还需要用到引导线。简单的分析就到此,下面是这个实例的实现方法。

实例 4-1 太阳、地球、月球的相对运动。

【实例目的】 掌握影片剪辑的运用,引导线的应用。

【实例重点】 先了解整个动画,月球和地球组成了一个影片剪辑,因为它们之间有个运动;然后将地球和月球看作一个整体,这个整体又和太阳组成了一个动画体系。

【实例步骤】

1) 新建文件

打开 Flash,执行【文件】|【新建】命令,新建一个影片文档,舞台的背景色设置为黑色,并通过按 Ctrl+S 键,将该文件保存为"天体运动.fla"。

2) 绘制"地月动画"影片剪辑元件

(1) 打开该 Flash 的库,然后单击库面板左下角的图标【新建元件】，在弹出如图 4-1 所示的"创建新元件"对话框中,名称文本框中输入"地月动画",元件类型设置为【影片剪辑】。

图 4-1 "创建新元件"对话框

(2) 此时在所看到的时间轴上,开始制作一个月球围绕地球运动的影片剪辑。这是一个引导线动画,具体的步骤可以参阅第 3 章的相关实例。图 4-2 所示是这个影片剪辑的时间轴和舞台。

(a) 影片剪辑的时间轴

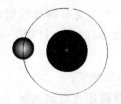

(b) "地月动画"的舞台

图 4-2 地月动画

在图 4-2 中,时间轴并非是主时间轴,而是位于主时间轴(场景 1)下面的一个影片剪辑"地月动画"的时间轴。因为影片剪辑时间轴独立的特点,所以该时间轴的长度可以不用参考主时间轴的长度。

3)绘制主时间轴动画

(1)做好"地月动画"之后,单击上图中的【场景 1】按钮,回到主时间轴,将图层 1 命名为【太阳】,选中工具栏的"椭圆工具"　,用放射状的填充色绘制一个太阳。

(2)在【太阳】图层的上方,建立一个图层【地月动画】,把库中刚刚建好的【地月动画】影片剪辑元件拖放到舞台上。

(3)在图层【地月动画】的上方,建立一个图层【路径】,同样建立一个引导线动画,使得"地月动画"影片剪辑沿着路径围绕太阳旋转。

(4)实例 4-1 制作完成的主时间轴的图层结构如图 4-3 所示。

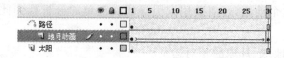

图 4-3　实例 4-1 的主时间轴和图层

(5)执行【控制】|【测试影片】命令,观察动画效果,如果要导出 Flash 的播放文件,执行【文件】|【导出】|【导出影片】命令。按 Ctrl＋Enter 键,测试效果如图 4-4 所示。

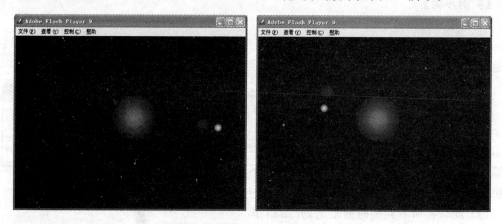

图 4-4　实例 4-1 的演示效果

【实例总结】

该实例的重点:对于含有影片剪辑的动画,首先要对动画进行分析,然后制订由内(内层动画)及外(外层动画)的制作计划,一步步制作完成。通过实例思考影片剪辑关于时间轴独立的特性。

实例 4-2　跑动的车子。

【实例目的】　掌握影片剪辑的运用。

【实例重点】　首先理解整个动画,轮子和车身组成了一个影片剪辑,因为它们之间有个运动,然后将轮子和车身看作一个整体汽车,这个整体又和背景组成了一个动画体系。

【实例步骤】

1）新建文件

（1）打开 Flash，执行【文件】|【新建】命令，新建一个影片文档，舞台的背景色设置为黑色，并通过按 Ctrl＋S 键，将该文件保存为"跑动的汽车.fla"。

（2）打开"fla\素材.fla"，在库中找到元件"城市背景"、"车身"、"车轮"，将其复制到"跑动的汽车.fla"中。

2）制作各种元件

（1）打开该 Flash 的库，然后单击库面板左下角的图标【新建元件】，弹出如图 4-5 所示的"创建新元件"对话框，在名称文本框中输入"转动的车轮"，元件类型设置为【影片剪辑】。

（2）此时在所看到的时间轴上，开始制作一个轮子转动的影片剪辑。这是一个帧并帧动画，具体的步骤可以参阅第 1 章的相关实例。图 4-6 所示是这个影片剪辑的时间轴和舞台。

(a) 时间轴   (b) 舞台

图 4-5 创建新影片剪辑元件对话框   图 4-6 "转动的车轮"时间轴影片剪辑的时间轴和舞台

在图 4-6 中，时间轴并非是主时间轴，而是位于主时间轴（场景 1）下面的一个影片剪辑"转动的车轮"的时间轴。因为影片剪辑时间轴独立的特点，所以该时间轴的长度可以不用参考主时间轴的长度。

（3）做好"转动的车轮"之后，再单击库面板左下角的图标【新建元件】，弹出如图 4-7 所示的"创建新元件"对话框，在名称文本框中输入"汽车"，元件类型设置为【图形】。

（4）此时在所看到的时间轴上，开始制作一个汽车的元件。这是一个图形元件，将库中的"车身"和"转动的车轮"拖曳到舞台，并调整位置，组成一部汽车即可，如图 4-8 所示。

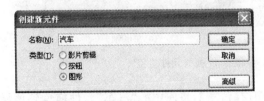

图 4-7 创建新图形元件对话框   图 4-8 汽车图形元件

（5）做好"汽车"元件之后，再单击库面板左下角的图标【新建元件】，弹出如图 4-9 所示的"创建新元件"对话框，在名称文本框中输入"广告词"，元件类型设置为【影片剪辑】。

图 4-9 "创建新元件"对话框

（6）此时在所看到的时间轴上，开始制作一个【广告词】影片剪辑。这是一个基于遮罩的基本动画，时间轴和舞台，如图 4-10 和图 4-11 所示，具体的做法可以参考第 3 章的相关实例和练习。

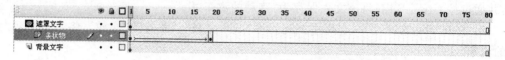

图 4-10　影片剪辑【广告词】的图层结构

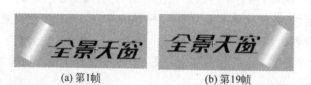

(a) 第1帧　　　　　　　　　(b) 第19帧

图 4-11　影片剪辑【广告词】的第 1 帧和第 19 帧的舞台

3）绘制主时间轴动画

（1）单击上图 4-6(a)中的【场景 1】按钮，回到主时间轴，将【图层 1】命名为【城市背景】，将库中的"城市背景"元件，拖曳到该图层的第 1 帧，将其调整到偏舞台的右边，在第 60 帧插入关键帧，将"城市背景"元件偏左移动。这样右击第 1 帧【创建补间动画】，使得背景在从右往左，作很小的位置移动动画，更加突出车子的速度感。位置如图 4-12 所示。

(a) 第1帧　　　　　　　　　(b) 第60帧

图 4-12　各图层第 1 帧和第 60 帧的元件位置

（2）在图层【城市背景】上方，新建一个图层【汽车】，将库中的"汽车"元件拖曳到该层的第 1 帧舞台，位置偏左，在第 60 帧插入关键帧，并调整汽车的位置偏右，这样右击第 1 帧【创建补间动画】，使得汽车在从左往右移动。

（3）在图层【汽车】上方，新建一个图层【广告词】，将库中的"广告词"影片剪辑元件拖放到该层的第 1 帧舞台，在第 60 帧插入帧。

（4）实例 4-2 制作完成的主时间轴的图层结构如图 4-13 所示。

图 4-13　实例 4-2 的主时间轴和图层

（5）执行【控制】|【测试影片】命令，观察动画效果，如果要导出 Flash 的播放文件，执行【文件】|【导出】|【导出影片】命令。按 Ctrl＋Enter 键，测试效果如图 4-14 所示。

图 4-14 实例 4-2 的演示效果

【实例总结】

该实例的重点：巩固对基于影片剪辑的 Flash 动画的制作，首先要对动画进行分析，然后制订由内（内层动画）及外（外层动画）的制作计划，一步一步制作完成。

实例 4-3 眨眼睛、飘头发。

【实例目的】 综合使用逐帧动画以及补间动画。

【实例重点】 学会使用刷子工具。

【实验步骤】

（1）执行【文件】|【新建】命令，新建一个影片文档，在【属性】面板上设置文件大小为 600×600 像素，其余保持默认，并将其保存为"眨眼睛飘头发.fla"。

（2）将默认的【图层 1】命名为【仕女】，打开"fla\素材.fla"，将该文件中的库中仕女元件，导入到刚建立的文件中，并将其放置于【仕女】图层的第 1 帧，如图 4-15(a) 所示，并在第 10 帧插入帧。

（3）新建一个图形元件"头发 1"，使用工具栏上的刷子工具 ，刷子大小使用最小值，刷子的形状使用斜线。

(a) 仕女   (b) 头发

图 4-15 实例 4-3

（4）刷子工具设置好后，在舞台上画一根头发，如图 4-15(b) 所示。

（5）新建一个影片剪辑"头发右飘"，把"头发 1"从库中拖曳到舞台上，并依次在第 1、第 7 和第 15 帧插入关键帧，选中第 7 帧的头发，通过菜单【修改】|【变形】|【缩放和旋转】命令，将第 7 帧的头发逆时针旋转 3°，并调整位置，然后依次右击第 1、第 7 帧生成补间动画。图层如图 4-16 所示。

（6）依据同样的方法，在库中建立一个"头发左飘"的影片剪辑，所不同的是该元件的第 7 帧的头发

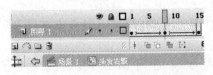

图 4-16 头发右飘元件的图层结构

顺时针旋转 3°。

（7）切换到主场景上，在【仕女】图层的上方添加【头发 1】图层、【头发 2】图层，并分别把库中"头发左飘"和"头发右飘"元件放置到这两个图层上，并适当调整位置，大小、Alpha 使得制作的头发元件能和仕女原本的头发，无缝地衔接。如图 4-17(a)所示，之后两个图层分别在第 10 帧插入帧。

（8）在最上方再新建一个图层【眼皮】，在第 5 帧的位置首先使用滴管工具，截取仕女脸部的皮肤颜色，再通过椭圆工具，画一个能够遮蔽仕女眼睛的颜色块，可以通过任意变形工具进行调整，如图 4-17(b)所示。

（9）在图层【眼皮】上方，添加一个图层【眉毛】，在第 5 帧的位置，依然是通过刷子工具，画一根眉毛，并调整它的位置如图 4-17(c)所示。

（10）实例 4-3 的图层如图 4-18 所示。

(a) 头发

(b) 眼皮

(c) 眉毛

图 4-17　仕女"头发"、"眼皮"、"眉毛"的位置

图 4-18　实例 4-3 的图层结构

（11）执行【控制】|【测试影片】命令，观察动画效果，如果要导出 Flash 的播放文件，执行【文件】|【导出】|【导出影片】命令。按 Ctrl＋Enter 键观察测试效果。

【实例总结】

该实例的重点：掌握如何对一副静态图片，添加辅助动画的技巧。头发飘、眨眼睛这也算是最基本的手法，这种技巧在很多诸如短片、广告、MTV 的制作中得到广泛应用。

4.2.2　基于图形元件的动画实例

4.2.1 小节讲述了如何使用影片剪辑元件制作动画的嵌套，本小节将使用图形元件制作动画的嵌套，请注意两者在对主时间轴依赖上的不同。影片剪辑动画与主时间轴无相关性，而图形元件动画，与主时间轴相关。

实例 4-4　飘动的中国结。

【实例目的】　掌握图形元件的运用。

【实例重点】　在主时间轴上插入一个基于图形元件的动画，要考虑主时间轴和图形元件时间轴的相关性。

【实例步骤】

（1）打开 Flash，执行【文件】|【新建】命令，新建一个影片文档，舞台的背景色设置为黑色，并通过按 Ctrl＋S 键，将该文件保存为"飘动的中国结.fla"。

（2）打开该"fla\素材.fla"的库，将其元件库中的"符号"中的"中国结"，复制、粘贴到该 Flash 的库中。

（3）然后单击库面板左下角的图标【新建元件】，在弹出如图 4-19 所示的"创建新元件"对话框中，"名称"文本框输入"飘动的中国结"，元件类型设置为【图形】，单击【确定】按钮。

（4）此时在所看到的时间轴的第 1 帧上，将库中的"中国结"元件，拖曳到该帧的舞台上，使用任意变形工具 将中国结的中心点由几何中心调整到最上边，如图 4-20（a）所示，方便"中国结"作旋转动画。

图 4-19 "创建新元件"对话框

（5）在该图层的第 20 帧的位置插入关键帧，随后将第 10 帧转换为关键帧。使用任意变形工具 ，对第 10 帧的"中国结"略作角度的变化，右击第 1 帧和第 1 帧，生成动作补间。图 4-20（b）所示是这个图形元件的时间轴和舞台。

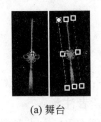
(a) 舞台

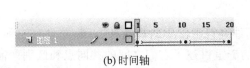
(b) 时间轴

图 4-20 飘动的中国结

在图 4-20 中，时间轴并非是主时间轴，而是位于主时间轴（场景 1）下面的图形元件"飘动的中国结"的时间轴。

（6）单击【场景 1】按钮，回到主时间轴，将【图层 1】命名为【中国结】，把库中制作好的图形元件"飘动的中国结"拖到主时间轴的舞台的第 1 帧。

（7）执行【控制】|【测试影片】命令，观察动画效果，会发现中国结是静止的，导致这个现象的原因就是图形元件制作动画的最大的特点，主时间轴的长度一定要大于等于图形元件的时间轴长度，因为它们具有时间轴相关特性。

（8）对上述的现象进行修改：在【中国结】图层的第 20 帧插入关键帧，这样一来主时间轴的长度和图形元件的长度保持一致。图层结构如图 4-21 所示。

图 4-21 实例的主时间轴和图层

（9）执行【控制】|【测试影片】命令，观察动画效果，如果要导出 Flash 的播放文件，执行【文件】|【导出】|【导出影片】命令。按 Ctrl＋Enter 键，测试效果如图 4-22 所示。

【实例总结】

该实例的重点：掌握如果将一个包含嵌套动画的图形元件放入主时间轴，必须考虑主时间轴与图形元件时间轴的相关性，要使得主时间轴的长度要大于等于图形元件的主时间轴长度。由于这个原因，在 Flash 的动画制作中，除非有严格时间限制的动画，否则都是使用影片剪辑进行嵌套动画的制作。

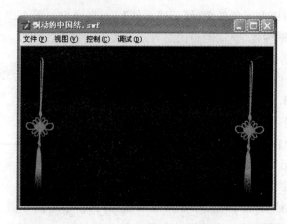

图 4-22　实例 4-4 的演示效果

4.3　小结

本章对元件进行了简要的概括和介绍，并且对三种元件：图形元件、按钮、影片剪辑元件进行了对比，着重讲述了它们之间的共同点和区别。需要读者注意：

- 元件可以被重复使用，并各自享有不同的属性，如实例名称、大小和颜色等，即使同一个元件在场景中多次重复出现，也不会增加影片的体积。但是直接画在舞台上的图像，只能用剪贴的方式来复制，而且多复制一次，就会增加文件的大小；
- 有些动画效果只能通过元件来完成；
- 元件全部存放在"库"面板里面。

除了上述的知识点外，本章还重点介绍了影片剪辑的特点，并专门针对影片剪辑设计了实例，帮助读者更好地理解影片剪辑，并掌握使用影片剪辑进行动画开发的技巧。

习题 4

1. 选择题

（1）Flash 中，可以创建_____种类型的元件。

　　A. 2　　　　　　　　B. 3　　　　　　　　C. 4　　　　　　　　D. 5

（2）如果要导出某种字体并在其他 Flash 电影中使用，应该使用_____。

　　A. 字体元件　　　B. 电影剪辑　　　　C. 图形元件　　　D. 按钮元件

（3）_____的时间轴是和主时间轴保持一致的。

　　A. 字体元件　　　B. 电影剪辑　　　　C. 图形元件　　　D. 按钮元件

（4）_____的时间轴不会自动播放。

　　A. 字体元件　　　B. 电影剪辑　　　　C. 图形元件　　　D. 按钮元件

（5）无法为_____添加动作代码。

　　A. 图形元件　　　B. 按钮元件　　　　C. 影片剪辑　　　D. 关键帧

（6）_____是可以反复取出使用的一段小动画，并可独立于主动画进行播放。

　　A. 图形元件　　　　B. 按钮元件　　　　C. 影片剪辑元件　　D. 字体元件

（7）库面板中有一元件"元件1"，舞台上有一个该元件的实例。现通过实例属性检查器将该实例的颜色改为♯FF0033，透明度改为80％。请问，此时库面板中的名称为元件1的元件将会发生_____。

　　A. 颜色也变为♯FF0033

　　B. 透明度也变为80％

　　C. 颜色变为♯FF0033，透明度变为80％

　　D. 不会发生任何改变

（8）以下关于实例分离操作的叙述，正确的是_____。

　　A. 分离实例就是某个元件实例分解成为一组更小单位的元件集合

　　B. 分离实例后又修改了源元件，则被分离的实例将不会被更新

　　C. 分离实例的操作不仅影响被分离的实例，同时对和它同属一个元件的其他实例也会有影响

　　D. 分离实例这个操作是不可撤销的

（9）以下_____操作执行后可以新建一个空元件。

　　A. 单击【插入】|【新元件】

　　B. 单击库面板低端的【新建元件】按钮

　　C. 单击库面板的选项菜单，然后从中选择新元件

　　D. 以上皆是

（10）以下各种关于图形元件的叙述，正确的是_____。

　　A. 可用来创建可重复使用的，并依赖于主电影时间轴的动画片段

　　B. 可用来创建可重复使用的，但不依赖于主电影时间轴的动画片段

　　C. 可以在图形元件中使用声音

　　D. 可以在图形元件中使用交互式控件

（11）以下关于使用元件的优点的叙述，正确的是_____。

　　A. 使用元件可以使电影的编辑更加简单化

　　B. 使用元件可以使发布文件的大小显著地缩减

　　C. 使用元件可以使电影的播放速度加快

　　D. 以上均是

（12）以下关于元件的叙述，正确的是_____。

　　A. 只有图形对象或声音可以转换为元件

　　B. 元件里面可以包含任何东西，包括它自己的实例

　　C. 元件的实例不能再次转换成元件

　　D. 以上均错

（13）以下关于各种元件时间轴的特点的叙述，正确的是_____。

　　A. 电影剪辑的时间轴需要依赖于主电影时间轴

　　B. 图形元件的时间轴是独立于主电影的时间轴的

　　C. 按钮元件时间轴的头四帧一定是弹起、按下、指针经过和点击帧

　　D. A和C都正确

2. 多选题

(1) 以下_____操作可以复制指定的元件。

　　A. 右击元件,然后从关联菜单中选择复制

　　B. 从库面板的选项菜单中选择复制

　　C. 单击【修改】|【元件】直接复制元件

　　D. 按住 Ctrl 键后,使用左键拖动复制

(2) 在 Flash 中,_____元件是可以重复利用的。

　　A. 图像　　　　　B. 动画　　　　　C. 声音　　　　　D. 按钮

(3) 以下各种元件中,拥有自己的时间轴、舞台和层的元件是_____。

　　A. 图形元件　　　B. 电影剪辑　　　C. 按钮元件　　　D. 字体元件

(4) 在实例属性检查器中可以对元件的_____属性进行修改。

　　A. 颜色　　　　　B. 大小　　　　　C. 类型　　　　　D. 旋转角度

(5) 以下_____操作是 Flash 提供的编辑元件的方式。

　　A. 在元件编辑模式下编辑　　　　　B. 在当前位置直接编辑

　　C. 在面板上进行编辑　　　　　　　D. 在新窗口中编辑

(6) 如果把某个元件实例使用切换元件功能将其切换为另一个元件后,这个元件实例的_____属性将会保留下来。

　　A. 颜色　　　　　B. 大小　　　　　C. 透明度　　　　D. 位置

3. 填空题

(1) 元件在 Flash 中可以分为_____、_____和_____。

(2) _____、_____两种元件可以支持代码编程。

4. 操作题

(1) 新建一个作业"眨眼睛练习. fla",制作如图 4-23 所示的动画(样张可以参考"fla/第4章/眨眼睛练习样张. swf")。

图 4-23　操作题(1)的效果

提示:

① 参考实例 4-3。

② 素材从"fla/素材. fla"的库中获取。

（2）利用嵌套动画的思路，建立动画"走路.fla"，如图 4-24 所示。

图 4-24　操作题（2）的效果

提示：

① 素材在"fla\第 4 章\走路素材"中。

② 将女生走路制作成一个影片剪辑元件。

要求：背景往后略移动，女生整个元件往前移动，制作走路前行的效果。

（3）利用动画嵌套的思路，参照"fla\第 4 章\头发飘飘的侠士.swf"样张，打开"fla\第 4 章\头发飘飘的侠士.fla"，利用库中的相关元件，将其修改为如图 4-25 所示的效果。

图 4-25　操作题（3）的效果

要求：

① 使得头发具备染色的效果（复制图层、改变矢量颜色）。

② 使得辫子也具备随风飘动的效果。

③ 要求头发的飘动以及辫子的飘动，都制作成为影片剪辑。

第5章

Flash脚本与按钮、文本框

本章学习指引：

- 掌握脚本(ActionScript)的语法；
- 掌握按钮的制作和使用；
- 掌握按钮的事件编程；
- 掌握文本框的制作和使用；
- 掌握对文本框的编程。

前面着重介绍了如何在 Flash 中创建各种各样的动画，在那些动画中，Flash 按顺序播放动画中的场景和帧。在播放的过程中，观众只能看、听，而不能和动画进行交互。这对于极具交互要求的游戏或课件而言，显得很木讷，不够活泼、生动。

在交互动画中，用户可以使用键盘或鼠标与动画交互。例如，可以单击动画中的按钮，然后跳转到动画的不同部分继续播放；可以移动动画中的对象；可以在表单中输入信息等。显然交互性的动画，使 Flash 更加活泼，增加对观众的吸引力，扩展了网络应用的能力。

Flash 中能实现交互动画吗？答案是肯定的，因为 Flash 支持脚本(ActionScript)编程，使用脚本可以控制 Flash 动画中的对象、元件，使用脚本可以创建导航元素和交互元素，可以满足上述提出的种种要求。下面就通过本章学习 Flash 脚本的编写。

5.1 关于脚本 ActionScript

Flash 脚本 ActionScript(AS)是 Adobe Flash Player 运行时环境的编程语言。它在 Flash 内容和应用程序中实现交互性、数据处理以及其他功能。AS 是 Flash 的脚本语言，与 JavaScript 相似，也是一种编程语言，新出的 AS 3.0 使用面向对象编程(OOP)，增加了更强的报错能力，对错误类型的描述也更明确。

AS 的执行原理是由 Flash Player 中的 ActionScript 虚拟机 (AVM)来执行的。代码通常被编译器编译成"字节码格式"(一种由计算机编写且能够为计算机所理解的编程语言)，如 Adobe Flash CS3 Professional 或 Adobe Flash Builder 的内置编译器或 Adobe Flex SDK 和 Flex Data Services 中提供的编译器。字节码嵌入 swf 文件中，swf 文件由运行时环境 Flash Player 执行。

5.1.1　认识"动作"面板

在 Flash 中,动作脚本的编写,都是在"动作"面板的编辑环境中进行的,熟悉"动作"面板是十分必要。按 F9 键可以调出"动作"面板,如图 5-1 所示,可以看到"动作"面板的编辑环境由左、右两部分组成。左侧部分又分为上、下两个窗口。

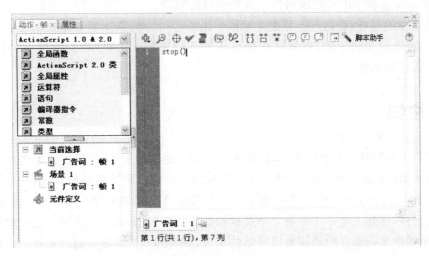

图 5-1　动作面板

左侧的上方是一个"动作"工具箱,单击前面的图标展开每一个条目,可以显示对应条目下的动作脚本语句元素,双击选中的语句即可将其添加到编辑窗口。

左侧的下方是一个"脚本"导航器,其中列出了文件中具有关联动作脚本的帧位置和对象。单击脚本导航器中的某一个项目,与该项目相关联的脚本则会出现在"脚本"窗口中,并且场景上的播放头也将移到时间轴上的对应位置。双击脚本导航器中的某一项,则该脚本被固定。

右侧部分是"脚本"编辑窗口,是添加代码的区域。可以直接在"脚本"窗口中编辑动作、输入动作参数或删除动作;可以双击"动作"工具箱中的某一项或"脚本编辑"窗口上方的【添加脚本】工具,向"脚本"窗口添加动作。

在"脚本"编辑窗口的上面,有一排工具图标,在编辑脚本时,可以方便适时地使用它们的功能。

用"动作"面板时,可以随时单击"脚本"编辑窗口左侧的箭头按钮,以隐藏或展开左边的窗口。将左面的窗口隐藏可以使"动作"面板更加简洁,方便脚本的编辑。

5.1.2　Flash 中添加编写脚本

添加脚本可分为两种:一是把脚本编写在时间轴上面的关键帧里(注意,必须是关键帧上才可以添加脚本);二是把脚本编写在对象上,如把脚本直接写在影片剪辑元件的实例上、按钮实例上。

此外,也需要简单理解 Flash 是如何执行编写的脚本。在时间轴的关键帧上添加了脚本,在 Flash 运行时,它会首先执行这个关键帧上的脚本,然后才会显示这个关键帧上的对象。

上面提到过,脚本有很多的功能,脚本可以通过 3 个场所进行控制 Flash:

- 在关键帧中编程实现对元件、按钮、帧的控制;
- 在按钮中编程实现对按钮事件的响应;
- 在影片剪辑中编程实现对影片剪辑事件的响应。

当然现在的趋势,更趋向于只在关键帧中编程,对按钮、影片剪辑的控制可以都集成到关键帧中,但是对于初学者,先从在按钮或影片剪辑编程入手,更容易掌握 Flash 的脚本。接下来介绍按钮元件。

5.2　按钮

按钮是 Flash 中三大元件之一,也是离不开脚本的一种元件,所以按钮元件放到了本章介绍。很多动画都离不开交互,而交互中最常见的就是用户通过鼠标和 Flash 中的按钮进行交互。在第 4 章,关于元件的介绍中,提到了一些按钮的知识,本小节详细的介绍按钮元件。

按钮元件,实际上是一个只有 4 个关键帧的影片剪辑,如图 5-2 所示。它的时间轴不能播放,只是根据鼠标指针的动作做出简单的响应,并转到相应的帧。通过给舞台上的按钮实例添加动作语句而实现 Flash 影片强大的交互性。

图 5-2　按钮的帧

可以看到,按钮元件和影片剪辑元件非常类似,它们都有自己独立的时间轴,但是按钮元件又略有不同,它的时间轴规定可以有多个图层,但每个图层事先预定了 4 个关键帧,而且顺序和名称都已经预先定义好,只需填写相关帧的内容。

5.2.1　按钮的制作

在 Flash 中如果使用按钮,既可以使用 Flash 自身的公共库里的按钮库,也可以自制按钮。如果要使用公用库里的按钮库,只需执行如图 5-3 所示的菜单【窗口】|【公用库】|【按钮】命令即可打开按钮库,随后可以任意使用"按钮"库中的任何按钮元件。

如果是自制按钮,可以按照下面的实例制作方法制作。

实例 5-1　自制按钮。

【实例目的】　掌握对一般按钮的制作。

【实例重点】　按钮背景和文字分图层制作。

【实例步骤】

(1) 打开 Flash,执行【文件】|【新建】命令,新建一个影片文档,其余设置保持默认值,并通过按 Ctrl＋S 键,将

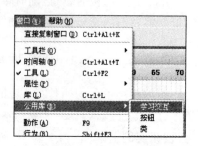

图 5-3　按钮公用库的打开方法

该文件保存为"自制按钮.fla"。

（2）通过该 Flash 的库面板左下方的按钮，在弹出如图 5-4 所示的创建元件窗口中，新建一个按钮元件"我的按钮"，主时间轴如图 5-2 所示。

（3）在"我的按钮"元件的时间轴上把【图层 1】命名为【文字】，再插入一个图层，命名为【背景】，并且使得【背景】图层位于【文字】图层的下方。

（4）在【文字】图层的【弹起】、【指针经过】、【按下】等关键帧内，分别输入【华文行楷】、【26】号的文字："正常"、"划过"、"按下"。

（5）在【背景】图层中，选中矩形工具，在如图 5-5 所示的属性窗口中调节矩形工具的圆角半径为 50，在舞台上画出圆角矩形作为按钮的背景，并按如图 5-6 所示调节"弹起"、"指针经过"、"按下"等关键帧的背景色。

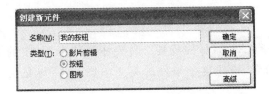

图 5-4　"创建元件"对话框

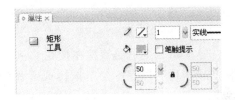

图 5-5　矩形工具的属性窗口

（6）按钮制作完成后，它的时间轴和图层结构如图 5-6 所示。

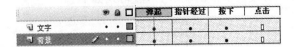

图 5-6　按钮的时间轴和图层

（7）执行【控制】|【测试影片】命令，观察动画效果，如果要导出 Flash 的播放文件，执行【文件】|【导出】|【导出影片】命令。按 Ctrl＋Enter 键测试效果如图 5-7 所示。

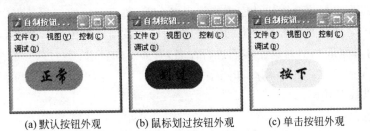

(a) 默认按钮外观　　(b) 鼠标划过按钮外观　　(c) 单击按钮外观

图 5-7　按钮的各种状态

按钮默认时，见图 5-7(a)；当鼠标在按钮上划过时，见图 5-7(b)；当单击按钮时，见图 5-7(c)。

【实例总结】

该实例的重点：在制作按钮时，在按钮的时间轴上，"单击"的关键帧，一般不放置任何内容，并将该关键帧转换为普通帧，因为在实际测试的效果中，该帧的内容不能体现出来。非常重要的一点是，如果要在按钮上写文字，就像上述例子那样，必须使用【静态文本框】，输入文字,否则文字不能显示。

5.2.2 按钮的事件

在 5.2.1 节学会制作按钮后,在本节将学习对按钮编程。按照前面的解释,对按钮编程可以有两种方法:

1. 在按钮实例上写脚本

该方法使用如下的语法格式:

```
on(事件)
{
    要执行的脚本程序
}
```

这个 on 语句就是直接在按钮实例上进行 AS 编写的规则。需要注意的是 on 中的事件,这个事件可以理解为是鼠标或键盘的动作,描述这个事件的英文单词,首字母是小写字母。

2. 在主时间轴的关键帧上写代码

该方法也可以实现对按钮事件的响应,语法格式如下:

```
按钮实例的名字.on 事件名称 = function()
{
    要执行的脚本程序
}
```

在这个写法中,读者必须要清楚按钮实例的名字是什么,通过实例 1 制作的按钮如果是在库中,那它就是个元件,它的名字叫"我的按钮",这个名称指的是元件在库中的名称,并不是实例的名称,如果把这个按钮从库中拖放到舞台上,舞台上的按钮就是库中按钮的一个实例,这个实例的名称需要单击舞台上的按钮,然后在属性对话框中进行命名,如图 5-8 所示。该按钮实例的名称是 btn,对这个实例进行命名,有如下的要求:

- 只能使用英文字母、下划线和数字;
- 不能以数字开头;
- 不能包含空格。

图 5-8 按钮的属性面板

掌握了如何设置按钮实例的名称,就可以使用上面的格式,在主时间轴上写程序完成对按钮的事件响应。需要注意的是,此种格式中,描述事件英文单词的首字母必须是大写字母。

在 Flash 的 AS 中，按钮的事件主要有下面几种：

- Press 事件：发生于鼠标在按钮上方，并"按下"鼠标。
- Release 事件：发生于鼠标在按钮上方，按下鼠标，接着松开鼠标时。也就是"释放"鼠标。这一系列动作可以理解为对按钮进行了单击，所以如果希望单击按钮完成功能的话，要对 Release 事件编程，这个事件的使用频率很高。
- ReleaseOutside 事件：发生于在按钮上方按下鼠标后，保持左键不放开，接着把光标移动到按钮区域之外时触发。
- RollOver 事件：当鼠标"滑过"按钮时触发的事件。
- RollOut 事件：当鼠标"滑离"按钮时触发的事件。
- DragOver 事件：发生于按着鼠标不放，光标滑入按钮，即"拖过"触发的事件。
- DragOut 事件：发生于按着鼠标不放，光标滑出按钮，即"拖离"触发的事件。
- KeyPress 事件：发生于用户按下特定的键盘按键时触发的事件。

下面通过一个实例，了解如何对按钮进行编程控制。

实例 5-2　超链接按钮。

【实例目的】　掌握如何对按钮编程，如何访问网址。

【实例重点】　做一个按钮，这个按钮要实现的功能就是打开一个指定的网页。

【实例步骤】

（1）执行【文件】|【打开】命令，打开实例 5-1"自制按钮.fla"，执行【文件】|【另存为】命令，将该文件保存为"超链接按钮.fla"。

（2）在主场景的第 1 帧舞台上，右击按钮，在快显菜单中选择【动作】命令，就打开如图 5-1 所示的动作面板。

（3）在动作面板的编辑区域，输入"on("，此时会触发 Flash 的代码提示，如图 5-9 所示。在代码提示的下拉列表中选择 release 事件，然后输入如图 5-10 所示的代码。

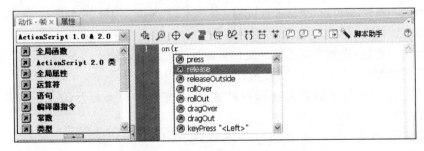

图 5-9　Flash 的代码提示功能

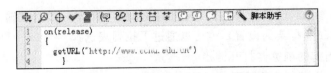

图 5-10　实例 5-2 的对按钮编程的代码

　　这段代码的意思是,当单击该按钮的时候,会执行 getURL("http://www.ecnu.edu.cn")代码,效果就是打开网址 http://www.ecnu.edu.cn,注意 getURL 的大小写,因为 AS 严格区分大小写。在上述的编辑面板中,如果属于 AS 系统关键字的一些单词,拼写正确,会显示为蓝色,这也是验证拼写正确与否的一个好方法。

　　(4) 执行【控制】|【测试影片】命令,观察动画效果,如果要导出 Flash 的播放文件,执行【文件】|【导出】|【导出影片】命令。按 Ctrl+Enter 键,测试效果如图 5-11(a)所示。当按钮出现的时候,单击将显示“华东师范大学”的主页,如图 5-11(b)所示。

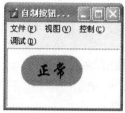

(a) 按钮　　　　　　　　　　　　(b) 单击按钮出现的网页

图 5-11　实例 5-2 的演示效果

【实例总结】

　　该实例的重点:掌握如何对按钮本身进行编程以及 getURL() 函数的使用方法,还要掌握提示代码的使用方法。下面对 getURL() 函数进行总结:

语法格式:

```
getURL("url","window","variables");
```

参数说明:

　　(1) url 参数:url 用来获得文档的统一定位资源,注意填写的时候要书写完整。例如,www.sina.com.cn 可以在 IE 地址栏中直接输入,并且能够打开新浪的主页,但在这里,必须写成 http://www.sina.com.cn 才可以,当然 FTP 地址、CGI 脚本等也都可以作为其参数。

　　以上是绝对地址,完整书写了统一定位资源。这里也可以使用相对地址,下面是使用相对地址的几种情况:

- 如果 swf 与要打开的资源在同一目录下,可直接书写要打开的文件名及后缀,如 getURL("aaa.swf);
- 如果资源在下一层目录,就以“/”开头,如 getURL("/aaa.swf");
- 如果资源在上层目录,就以“../”开头,如 gerURL("../aaa.swf)"。

以上说的目录是以 swf 文件存放的目录为基准。

　　(2) windows 参数:设置所要访问链接的网页窗口打开方式。可输入帧或窗口名称(配合 Dreamweaver 里框架的设置),也可以通过下拉列表选择:

- _self:在当前的浏览器打开链接。
- _blank:在新窗口打开网页。
- _parent:在当前位置的上一级浏览器窗口打开链接。若有多个相互嵌套的框架,而又想所链接的 url 只替换影片自身所在的页面时,可以使用这一选项。

- _top：在当前浏览器上方新开一个链接。如果在 Dreamweaver 中设置了一些框架，本影片位于某一框架中，当希望链接的 url 不替代任何框架而出现在所有框架之上时，可以使用它。

（3）variables 参数：规定参数的传输方式。大多数情况下，其默认参数为不传递。如果要将内容提交给服务器的脚本，就要选 GET 或 POST。

- GET 表示将参数列表直接添加到 url 之后，与之一起提交，一般适用于参数较少且简单的情况；
- POST 表示将参数列表单独提交，在速度上会慢一些，但不容易丢失数据，适用于参数较多较复杂的情况。

实例 5-3　主时间轴控制按钮。

【实例目的】　掌握通过对时间轴编程响应按钮的事件。

【实例重点】　做一个按钮，并对其命名，通过时间轴关键帧编程，响应这个按钮的单击事件，打开一个指定的网页。

【实例步骤】

（1）执行【文件】|【打开】命令，打开实例 5-1"自制按钮.fla"，执行【文件】|【另存为】命令，将该文件保存为"主时间轴控制按钮.fla"。

（2）在主场景的第 1 帧舞台上，单击按钮，在属性面板上，如图 5-12 所示。将该按钮的实例命名为 btn，命名必须是英文的，不能包含空格。

图 5-12　对按钮实例命名

（3）右击第 1 帧，在快显菜单中，选择【动作】命令，在动作面板的编辑区域，输入如图 5-13 所示的代码。

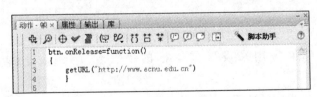

图 5-13　时间轴控制按钮的代码

这段代码的意思也是当单击该按钮的时候，打开网址 http://www.ecnu.edu.cn，但是函数的格式已经和实例 5-2 有所不同。一旦某个关键帧包含了代码，它的外观也会发生变化，帧图标上会多个 a 标记。关键帧的几个不同的外观如图 5-14 所示。第 1 帧代表有代码、有内容的关键帧，第 2 帧代表有内容的关键帧，第 3 帧代表没有内容的、空白的关键帧。

图 5-14　关键帧的形状

（4）执行【控制】|【测试影片】命令，观察动画效果，如果要导出 Flash 的播放文件，执行【文件】|【导出】|【导出影片】命令。按 Ctrl＋Enter 键，测试效果如图 5-11 所示。

【实例总结】

该实例的重点：掌握通过时间轴的关键帧编程响应按钮本身的事件，注意区分上述两个实例两种不同代码的格式。

5.3　文本框

在 Flash 动画制作过程中，经常会使用文本框进行界面设计。文本框也是一个和 Flash 脚本联系密切的控件。文本框分为静态文本框、动态文本框、输入文本框和组件文本框。在前面的章节中通过工具栏的文本工具 T 写的文字都是嵌在静态文本框中，静态文本框也主要是起显示文字的作用，它本身不支持代码，也无法通过代码控制它。但是，可以使用 ActionScript 的类（如 StaticText 和 TextSnapshot）来操作现有的静态文本实例。Flash 的脚本多用于控制动态文本框、输入文本框和组件文本框。下面分别介绍这几种常用的文本框。

5.3.1　动态文本框

单击工具栏的文本工具 T，便可在舞台上创建一个文本框。单击画好的文本框，可以通过如图 5-15 所示的文本框属性面板设置文本框的类型，默认值是【静态文本】。如果选中【动态文本】，则该文本框就成了一个动态文本框，同时属性面板中，会出现一个文本框，让读者输入该动态文本框的名称。关于它的命名可以参考前面关于按钮实例的命名。Flash 脚本正是通过动态文本框的名称对它的内容进行控制，包括读出和写入操作。动态文本框的写入操作包含从外部源（如文本文件、XML 文件以及远程 Web 服务）加载的内容。例如，动态文本框的名字是 txtA，则在脚本中可以通过该文本框的属性 text 进行读写控制：

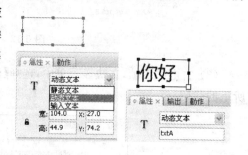

图 5-15　文本框属性面板

trace(txtA. text)，用来输出文本框的内容。

txtA. text ＝"你好"，用来设置文本框的内容。

实例 5-4　动态文本框的练习。

【实例目的】　掌握对动态文本框的读写操作。

【实例重点】　学会调整动态文本框的长度并会使用 trace 语句。

【实例步骤】

（1）执行【文件】|【新建】命令，新建一个文件，其余设置保持默认值，并通过按 Ctrl＋S 键，将该文件保存为"动态文本框.fla"。

（2）在【图层 1】的第 1 帧舞台上插入一个动态文本框，并在其中输入【黑体】、50 号的"你好"；接下来对动态文本框进行设置：单击动态文本框，在属性面板中输入文本框的名称 txtA, 如图 5-15 所示。通过鼠标拖放的方式改变动态文本框的长度, 以容纳更多的显示的内容。

（3）右击该图层关键帧, 选择【动作】命令, 打开动作面板, 输入如图 5-16 所示的代码。

图 5-16 时间轴关键帧的代码

这两句的代码分别是输出 txtA 文本框的内容, 并在其后重新改变文本框的内容。所以程序运行后, 文本框的内容应该变成"我的值发生了改变"。

（4）输入上述的代码后, 单击代码面板的语法检查工具"✔", 检查代码是否存在语法错误。

（5）执行【控制】|【测试影片】命令, 观察动画效果, 如果要导出 Flash 的播放文件, 执行【文件】|【导出】|【导出影片】命令。按 Ctrl＋Enter 键, 测试效果如图 5-17 所示。

(a) 实例测试结果　　　　　　　　　　　(b) 实例输出窗口

图 5-17 实例 5-4 的运行结果

从运行结果看出, 最初动态文本框的值是"你好", 运行程序后, 内容变成了"我的值发生了改变", 图 5-17(b)的输出面板, 就是 trace()的内容, 请读者注意 trace()输出的内容不会出现在舞台上, 所以很多 Flash 程序员都是通过 trace()对某些变量进行调试、跟踪。

【实例总结】
该实例的重点：掌握如何通过时间轴代码控制动态文本框, 包括输出和设置它的值。掌握 trace 函数的使用方法。默认是如果显示的内容超出了动态文本框的长度, 超出的部分将不被显示, 所以在制作动态文本框的时候, 就要设置合适的长度。

关于 trace()动作：它可以在测试模式（Ctrl＋Enter 键）下把指定变量的值发送到输出窗口, 以便在运行时检查处理变量的代码是否正常。这是一个非常方便的检查方法, 在测试代码时经常使用。

5.3.2　输入文本框

在 Flash 动画的制作中, 数据的输入可由输入文本框来实现。单击工具栏的文本工具 T, 便可在舞台上创建一个文本框。单击画好的文本框, 可以通过图 5-15 中的文本框属性面板设置文本框的类型, 默认是【静态文本】。如果选中【输入文本】, 则该文本框就成了一个输入文本框,同时属性面板中,会出现一个文本框,让读者输入【输入文本框】的名称。关于它的命名可以参考前面关于按钮实例的命名。Flash 脚本正是通过输入文本框的名称对内容进行读取。例如,输入文本框的名称是 txtB,则在脚本中可以通过该文本框的属性 text进行读取:

```
trace(txtB.text)
```

输出输入文本框的内容,而输入文本框的内容则来源于用户的键盘输入。

当舞台上已经存在一个输入文本框时,默认它是没有边框的,这样 Flash 运行时,用户就不知道输入文本框在什么地方,也就不知道应该在界面的什么地方输入。为了避免这种操作上的不方便,在使用输入文本框的时候,请读者自行绘制输入文本框的边框,或通过如图 5-18 所示的属性面板的按钮▣设置输入文本框的边框。

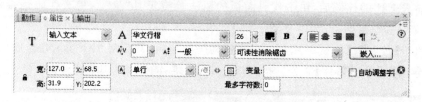

图 5-18　输入文本框的属性面板

在很多数据输入的场合中,输入数据的质量非常重要,如果输入错误,程序则不能正常运行。例如,程序中一个输入文本框要求只接受数字 0~9,如果不小心输入了其他字符,程序就不能正常运行。怎样才能避免这种情况的发生呢? Flash 可以通过代码对输入文本框的格式进行控制,实现一定程度的数据约束。下面是常见的几种数据约束(假设输入文本框的名称为 txt):

1. 密码输入文本框的实现

```
txt.restrict = null            //输入任意字符
txt.password = true            //该输入文本框是密码文本框
txt.maxchars = 8               //该输入文本框的最大字符数为 8 个字符
```

2. 数字输入文本框的实现

```
txt.restrict = "0-9."          //该文本框只能输入数字和表示小数点的字符"."
```

3. 大小写字母输入文本框的实现

```
txt.restrict = "A-Za-z"        //该文本框只能输入大小写字母
```

说明:如果要求输入文本框只接受大写字母,只要把上面的动作改写为"txt.restrict="A-Z""即可。

4. 限定范围输入文本框的实现

```
txt.restrict = "A-Z^K-O"       //该输入文本框只能输入除 K~O 以外的大写字母
```

下面通过一个加法的练习掌握输入文本框的使用。

实例 5-5 加法的练习。

【实例目的】 掌握对输入文本框的读操作。

【实例重点】 综合运用各种文本框，并初步对程序进行了解。

【实例步骤】

（1）执行【文件】|【新建】命令，新建一个文件，其余设置保持默认值，并通过按 Ctrl＋S 键，将该文件保存为"简易加法.fla"。

（2）在【图层一】的第 1 帧舞台上插入两个输入文本框、两个静态文本框、一个动态文本框。将两个输入文本框分别命名为 txta 和 txtb，将动态文本框命名为 txtresult，两个静态文本框的内容分别是"＋"和"＝"。它们在舞台上位置如图 5-19 所示。

图 5-19 舞台的内容

（3）右击第 1 帧，在快显菜单中选择【动作】命令，对第 1 关键帧编程，实现两个输入文本框只能输入运算的数字，代码如图 5-20 所示。

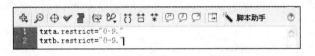

图 5-20 数字输入文本框的实现

（4）自制一个按钮"求和"，将其拖动到舞台上，右击按钮，选择【动作】命令，打开动作面板，输入如图 5-21 所示的代码。

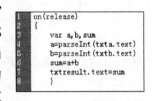

上述的代码 var 是声明变量的关键字，所以"var a,b,sum"意思就是声明了 3 个变量。因为默认文本框内容的数据类型都是文本类型，所以在进行数学运算之前，必须通过 parseInt() 函数进行转换，parseInt() 是把字符串类型的数字转换为整数型的数字，读者可以研究转换为实数的方法。转换后，对两个输入文本框的内容进行求和，并将结果通过赋值的形式再赋给动态文本框 txtresult，回显到屏幕上。

图 5-21 "求和"按钮的代码

（5）输完上述的代码后，单击代码面板的语法检查工具 ✓，检查代码是否存在语法错误。

（6）执行【控制】|【测试影片】命令，观察动画效果，如果要导出 Flash 的播放文件，执行【文件】|【导出】|【导出影片】命令。按 Ctrl＋Enter 键测试效果如图 5-22 所示。

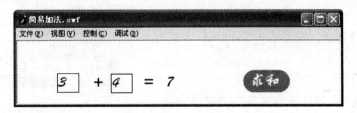

图 5-22 实例 5-5 的运行效果

在输入文本框中无法输入非数字,这就证明数据约束发挥作用,输入数字,单击"求和"按钮测试结果。

【实例总结】

该实例的重点:掌握输入文本框的绘制和使用,如何对输入文本框进行输入约束的限制。在 Flash 属性面板中没有提供设置输入文本和动态文本边框的颜色,可以通过如下的代码实现:

```
text1.border = 1;              //设置边框宽度为1px
text1.borderColor = 0xCCCCCC;  //设置边框颜色
```

5.3.3 组件文本框

组件是 Flash 为了减少开发人员的重复劳动,自行开发可复用带有预定义参数的影片剪辑,这些参数可以用来修改组件的外观和行为,并且可以被设置。每个组件还有一组属于自己的方法、属性和事件,它们称为应用程序接口(Application Programming Interface,API)。使用组件,可以使程序设计与软件界面设计分离,提高代码的可复用性。

在众多组件中,有一种带滚动条的文本框,当它容纳不下要显示的所有文字时,它的右边会自动出现滚动条,用户只要拖动滚动条,就可以浏览全部内容,这个组件就是滚动文本框组件(TextArea)。

实例 5-6 滚动文本框的制作。

【实例目的】 掌握对组件文本框的操作。

【实例重点】 理解 Flash 组件的概念。

【实例步骤】

(1) 执行【文件】|【新建】命令,新建一个文件,其余设置保持默认值,并按 Ctrl+S 键,将该文件保存为"组件文本框. fla"。

(2) 打开【窗口】|【组件】面板,如图 5-23 所示,并从 User Interface 列表中拖动 TextArea 组件到【图层 1】的舞台中。

(3) 选中 TextArea 组件,利用【属性】|【参数】面板调整其属性。【宽】为 240px,【高】为 200px,X 为 200,Y 为 100,如图 5-24 所示。

(4) 在图 5-24 中的组件参数面板中,在 text 参数的右侧输入所需文字(随便复制内容,但长度要保证在 200 左右)即可。

(5) 执行【控制】|【测试影片】命令,观察动画效果,如果要导出 Flash 的播放文件,执行【文件】|【导出】|【导出影片】命令。按 Ctrl+Enter 键,测试效果如图 5-25 所示。

【实例总结】

该实例的重点:制作滚动文本的方法很简单,用这种方法做的文件如果直接导出 swf 文件,在使用时

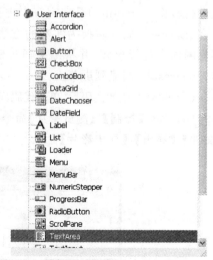

图 5-23 Flash 组件面板

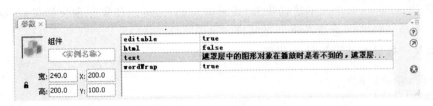

图 5-24　组件参数面板

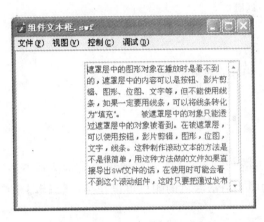

图 5-25　实例 5-6 的运行效果

可能会看不到这个滚动组件,只要通过发布设置直接发布成 exe 文件或 html 文件就可以正常使用了。

5.4　脚本语言 ActionScript 的语法

虽然还没正式学习脚本语言 ActionScript,但是前面的很多例子都用到了一些代码,本节就简单地学习 ActionScript 的语法,更多的语法和代码还要通过后续章节的学习逐步的深化。

5.4.1　AS 的特性

AS 已经推出了好多个版本,随着 Flash 版本的变化,AS 也在经历更新换代。它已经成为支持面向对象,具备完整调试、功能强大的编程语言。下面介绍它的特性:

1. 注释

给 ActionScript 代码加注释使用下面格式:

```
statements; //这是单行注释,由双斜杠开头,这行的后面部分都是注释内容
statements;
/* 这是换行注释
只不过可以换行
*/
```

注意：/ * 和 * / 已经不建议使用(因为必须配对,所以经常会导致错误)。除了注释,增加代码可读性的另一途径是使用代码排版格式。

下面是一段具有高可读性的代码：

```
//计算 x 阶乘的函数
function f(x) {
    if (x < = 0) {
        //假如 x≤0
        return 1; //返回 1
    }
    else
    {
        return x * f(x-1); //否则返回阶乘结果
    }
}
```

2. 语法着色

语法着色(Syntax Hightlighting)是许多编程语言的集成开发环境(IDE)所具备的功能,Flash 也具有这项功能。语法着色的颜色可以在菜单【编辑】|【首选参数】面板对话框中设置,如图 5-26 所示。

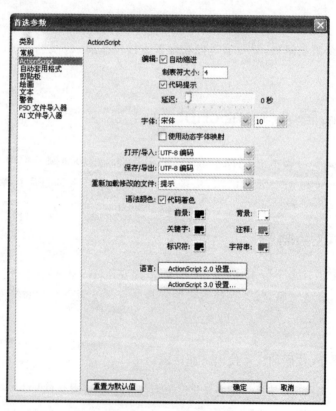

图 5-26 "首选参数"对话框

3．代码提示

新增加的代码提示功能（Code Hints），对于熟悉 Visual Studio 的读者并不陌生。例如，在输入了一个对象名后再输入"．"，就会显示相关的属性和方法列表；在输入了函数名后输入"（"，就会显示相关的函数格式。具体的可在输入代码时自己体会。关于代码提示的时间，也可以在【首选参数】对话框中设置。

4．大小写敏感

同 C++语言和 Java 一样，AS 是区分大小写的，这就意味着 If 并不等于 if。假如在代码中使用了 If，在运行和检查时都会产生错误。避免这种情况发生其实很简单，多注意输入的代码是否自动地被语法着色。对于变量、实例名和帧标签，AS 是不区分大小写的。尽管如此，还是建议在编写代码时保持大小写一致，这是个很好的习惯。

5.4.2　变量

几乎所有的编程语言都会用到变量（Variable）。例如，a＝3，b＝5，求 a＋b。那得出结果：a＋b＝8。

在编程中，就把 a、b 称为变量，从更深层的意义上，变量就是用来临时储存数据的内存块的别名，这样的内存块在计算机中像蜂窝一样多，在计算机内部是依靠绝对地址和相对地址来访问这些内存块，让程序员去记住这些地址，无异于天方夜谭，所以变量诞生了，程序员使用的每个变量都会对应到一个内存块，这样程序员就可以通过变量的名称访问内存块。上述的示例中，在 a、b 中分别储存了数字 3 和 5。

1．变量的声明

一般在使用一个变量前，要先对其进行声明，在 Flash 中声明一个变量使用关键字 var。例如，使用变量 a、b 前，可以使用下面的代码进行声明：

```
var a,b
```

在新的 AS 版本中，声明一个变量的时候，还可以声明变量的类型，例如：

```
var a:Number
```

这样 a 中就只能存放数值，因为 a 的数据类型被声明为 Number。Number 是一种数值数据类型。

在 var b:String 中，b 就只能存放字符串，放进去的数值都会被认作是字符串，因为 b 的数据类型被声明为 String。String 是一种字符串数据类型。例如：

```
var a:String = "3";
var b:String = " 5";
```

此时 a、b 的内容是"3"和"5"，不是 3 和 5；数据类型可以直接影响到运算的结果。

例如：

```
var a:String = "3";
var b:String = " 5";
```

a＋b 的结果是："35"。

```
var a:Number = 3
var b:Number = 5
```

a＋b 的结果是 8。

需要说明的是,变量的命名必须遵循下面的原则:

- 变量名必须为有效的标识符(如不能以数字和不允许使用的字符开头);
- 变量名不能与 ActionScript 关键字和常量相似或相同;
- 变量名在它的作用域中必须是唯一的。

2. 变量的赋值

定义变量后,要给变量一个初值或在程序运行的过程中改变变量的值,都需要使用赋值符号"＝"。例如:

a ＝ 3;这个时候在变量 a 中储存的数字是 3。

a ＝ 5;这个时候在变量 a 中储存的数字就变成了 5,原来的 3 将被覆盖掉。

3. 变量的运算

在 Flash 中,常用的运算符如表 5-1 所示。

表 5-1　常用的运算符

符　号	描　　述	符　号	描　　述
＋	加	＝	赋值
－	减	‖	逻辑或
＊	乘	& &	逻辑并且
/	除	～	按位(Bitwise)逻辑非
%	求模(除法的余数)	&	按位(Bitwise)逻辑和(AND)
.	结构(Structure)成员	^	按位逻辑异或(XOR)
!	逻辑非			按位逻辑或(OR)
++	递加	<<	按位左移
——	递减	>>	按位右移
<	小于	add	字符串(String)连接
<=	小于或等于	lt	小于 (字符串使用)
>	大于	le	小于或等于(字符串使用)
>=	大于或等于	gt	大于 (字符串使用)
==	等于	ge	大于或等于(字符串使用)
!=	不等于	eq	等于(字符串使用)
?:	条件	ne	不等于 (字符串使用)

下面通过一些简单的示例,加深对 Flash 运算符的理解:

"z ＝(x ＜ 6)? x；y;"表示如果 x ＜ 6,就把 x 的值赋给 z,否则将 y 的值赋给 z。

"a +＝ 3;"的意思就是 a ＝ a ＋ 3,即用本身加上右边的数值。

"a++ ;"的意思是 a +＝ 1,也就是 a ＝ a ＋1,这个叫累加或者递加,即每次增加 1。

4. 变量作用域

变量的作用域就是变量的有效工作范围。Flash 的作用域一般说来有时间轴、局部(Local)和全局(Global)三种。

对于时间轴范围的变量,就像上面的例子一样,用"＝"赋值并声明,时间轴范围变量声明后,在声明它的整个层级(Level)的时间轴内它是可访问的。注意,这个层不是图层,是一种嵌套关系,如主时间轴和某个子影片剪辑的时间轴就不是一个层级。

局部变量在声明它的语句块内(如一个函数体)是可访问的变量,通常是为避免冲突和节省内存占用而使用。

声明它可以使用 var 关键字:

```
function LocalVar(){
var a = "这是一个局部字符串变量";
trace( "函数内部: " + a );
}
LocalVar();
trace("函数外部: " + a );
```

上面的 a 字符串变量在函数结束就会被自动清除出内存,所以在外面的 trace()语句返回结果为"函数外部: ",a 的变量为空,而函数体内的 trace()返回:"函数内部: 这是一个局部字符串变量"。

假如删除了 var 关键字,那么 a 就是时间轴范围的变量了。运行后显示"函数内部"和"函数外部: "都为"这是一个局部字符串变量"。

在代码中如果遇到有不清楚的函数和关键字,可以通过【帮助】|【Flash 帮助】,显示关键字或内建函数以及对象的详细信息,也可以通过按 F1 键打开它。界面如图 5-27 所示。

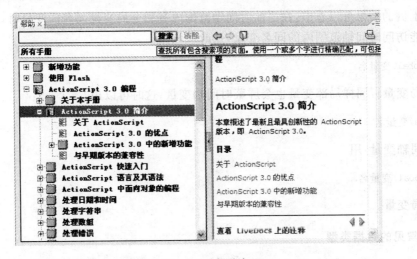

图 5-27 Flash 帮助窗口

全局变量,顾名思义就是在整个动画中都可以访问的变量。它的声明比较特殊:

```
_global.a = "这是一个全局字符串变量";
```

声明使用了一个_global 标识符和点语法(参考表 5-1)。_global 标识符是在 Flash 6 中新增加的,用于创建全局变量、函数、对象和类。

总的来说,_global 是一个与最底层并列的对象。所有的全局变量、函数、对象,其实就相当于是它的属性、方法、子对象。关于它的具体内容可以查阅帮助文件。

全局变量会被同名的时间轴变量和局部变量屏蔽,这时就要通过别的方式来访问它。例如:

```
//定义全局变量
_global.x = "Global";
//一个简单的函数
function show() {
trace("没有局部变量时函数内: " + x);
var x = "Local";
trace("有局部变量时函数内: " + x);
trace("有局部变量时调用时间线变量: " + this.x);
}
//测试
trace(" ------ 没有时间轴范围变量时 ------ ");
show();
trace("直接调用: " + x);
//设置时间轴变量
x = "Timeline";
//测试
trace(" ------- 有时间轴范围变量时 ------- ");
show();
trace("直接调用: " + x);
trace("有时间轴范围变量时调用全局变量: " + _global.x);
```

由上例的结果可以看出,在当前时间轴范围内有和全局变量同名的变量时,直接通过变量名只能访问时间轴范围内的同名变量,这时应该用

```
_global.变量名
```

调用全局变量。同样局部变量也会屏蔽时间轴变量,这时可以用

```
this.变量名
```

调用时间轴变量,用

```
_global.变量名
```

调用全局变量。

5. 常见的数据类型

AS 是一种弱数据类型的语言,即在声明变量的时候,可以不用声明其数据类型,这样变量的数据类型就会由第 1 次赋值给常量的数据类型决定。但是,为了养成好的编程习惯,

以及有清楚的数据类型的概念，下面介绍 AS 的数据类型。

1）字符串

一个字符串（String）是一系列的字符，如"This"就是一个字符串。定义一个字符串变量很简单，只要在初始化时将一个字符串数据赋给它就行了。

```
chapter = "第 2 章";
section = "第 2 节";
section_name = "常见数据类型";
full_name = section + " " add section_name + 999;      //连接字符串
if(typeof(full_name) ne "string"){
full_name = "类型错误!";
}
trace("full_name = " + full_name);
```

上面的第 4 行的 full_name 的值是前面两个变量（section 和 section_name）与一个常量（999）的运算结果（使用了"＋"和"add"运算符，它们的功能是相同的）。注意，这行代码最后面的数值常量 999 不是同一类型的数据，如果在数据类型检查极其严格的语言中这行代码是错误的。但是 AS 可以自动将它转换为字符串格式，而不需要专门的函数（当然，最安全的方法是使用 Number 对象的 toString( )函数或是 String( )函数）。由此可见，AS 是一种弱类型检查的语言（即不严格限制各种数据类型间的运算和传递）。

在实际应用中，有一些特殊的字符不能直接输入在字符串中。例如，不能在字符串中直接输入引号（会破坏字符串的完整性）。这时就需要用到转义字符了（Escaping）。要使用转义字符，首先要输入一个反斜杠（\），然后输入相应的代码。详细的代码如表 5-2 所示。

表 5-2　常用的转义字符表

转 义 字 符	代 表 字 符
\b	退格字符（ASCII 8）
\n	换行符（ASCII 10）
\t	制表符（ASCII 9）
\	单引号字符
\000 ～ \377	八进制表示的字符
\u0000 ～ \uFFFF	十六进制表示的 16 位 Unicode 字符
\f	换页符（ASCII 12）
\r	回车符（ASCII 13）
\"	双引号字符
\\	反斜杠字符
\x00 ～ \xFF	十六进制表示的字符

例如：

```
trace("He said:\"I don\t care about you.\"\nAnd she smiled:\"Really?\"");
```

可以根据上面的对照列表读出上面代码的字符串内的实际内容。运行后的输出为

```
He said:"I dont care about you."
And she smiled:"Really?"
```

可以看到,转义字符都被转换为相应的实际字符了。这就是转义字符的作用。

2）数值（Number）

AS 中的数值型数据为双精度浮点数（可以简单地理解为既包含整数又包含小数,数值范围很大）,对数值型数据可以进行任何相应的操作。例如：

```
a = 1;
b = 2;
sum = a + b;                         //求 a、b 之和
if(sum > 0){                         //假如结果大于 0
square_root = Math.sqrt(sum);        //使用 Math 对象的平方根函数求 sum 的平方根
}
trace("sum = " + sum);
trace("square_root = " + square_root);
```

3）逻辑变量（Boolean）

逻辑变量又称为布尔变量。它只有两个值——true 和 false。在必要的情况下,AS 会自动将它的值转换为 1 和 0,也可以用 1 和 0 给它赋值（这是为了和 Windows API 函数调用兼容而产生的）。

```
a = 10;
b1 = 1;
b2 = false;
if(b1 == true){
a = a + b1;
} else {
b2 = !b2;
}
trace("a = " + a);
trace("b1 = " + b1);
trace("b2 = " + b2);
```

上面代码混合了数值型和逻辑型变量的运算。a = a + b1 将逻辑值 b1（true 即 1）加到 a 上,b2 = ! b2 则是对 b2 取反（即由 false 变为 true 或是由 true 变为 false,因为逻辑值只有两种情况：真或假）。可以试着修改一下 b1 的值来看看不同的效果。

4）空类型（Null）

空类型即什么都没有,它的主要作用如下：

• 用来表示一个变量尚未赋值;

• 用来表示一个变量已经不包含数据;

• 用来表示一个函数没有返回值;

• 用来表示一个函数的某个参数被省略了。

不要认为它毫无意义,在涉及具体的程序问题时它是非常有用的。

5）未定义类型（Undefined）

未定义类型,同 Null 类似,也只有一个值 Undefined。它用来表示一个变量尚未被赋值。

5.4.3 常量

常量(Const)是在程序运行中不会改变的量。例如,数值 1、2、3 等,逻辑值 true、false 等。另外还有一些系统内建的常量,具体的可以看帮助文件的内容。

在 Flash AS2 中,不支持常量,这也证明 Flash 在对内存的管理与操作中,还存在着欠缺,没有单独的定义常量的方法。如果使用常量,只能同变量一样定义,只是在程序中不改变其值而已。不能像其他程序语言一样,定义常量后不允许更改。

5.4.4 表达式

在 AS 中最常见的语句就是表达式,通常由变量名、运算符及常量组成。下面是一个简单的表达式:

```
x = 0;
```

左边是变量名 x,中间是运算符(赋值运算符"="),右边是常量(数值 0)。这就是一个非常简单的赋值表达式。由这个表达式可以声明一个变量,为下一步操作做准备。表达式又分为赋值表达式、算术表达式和逻辑表达式。

赋值表达式上面已经说明了,就是给变量一个值。算术表达式顾名思义就是做数学运算的表达式,如 1+3(返回值为数值 4)。逻辑表达式就是做逻辑运算的表达式,如 1>3。只不过逻辑表达式返回的是逻辑值而已。前面的 1>3 返回值为 false,即 1>3 为假。

将多个表达式组合在一起就可以组成复合表达式,一般用到的也是这种表达式。例如:

```
t = 3 * 3 + (2 + 3);
x = 1>3;
```

上面的第 2 行是一个逻辑赋值复合表达式。首先 Flash 计算逻辑表达式 1>3 的值(false),然后将该值赋给 x,即 x = false。对于复合表达式的运算顺序可以参考上面的运算符表。要改变运算顺序可以使用圆括号(例子的第 1 行),这是同其他语言一致的。

5.4.5 条件分支

条件结构在很多参考资料中也称为选择结构,它的出现一定程度上改变了顺序结构所带来的弊端。在很多情况下,可能更希望满足某种条件才会去执行某些特定的语句,而并不希望计算机不假思索地、一如既往去顺序执行。根据条件的特点,条件结构又可以分为简单分支、双分支以及多分支等。

1. 单分支条件语句 if

条件语句是程序语言中最基本的判断语句。无论在任何语言中都有它的身影。它的语法格式如下:

```
if(条件)
{
    //条件为真需要执行的语句
}
```

由下面的示例了解下它的格式：

```
name = "SiC";
//下面是 if 语句
if(name == "SiC")
{
    trace("作者");
}
```

if 语句通过判断其后括号内的逻辑表达式是否为 true 来确定是否执行大括号内的语句。假如逻辑表达式 name=="SiC"返回值为真，就在输出窗口内显示"作者"，否则就不执行。

再看下下面的示例：

```
if(1)
{
    trace("总是执行");
}
```

根据前面数据类型的内容，应该可以看出，这时的 if 语句是多余的，因为对于常量 1，逻辑表达式的值恒为 true(其实 1 就是逻辑值 true 的数值表示形式)；对于常量 0，则永远为false。

再看一个例子：

```
name = "SiC";
//下面是 if 语句
if(name = "SiC")
{
    trace("作者");
}
```

这个例子与第 1 个例子的不同之处就在于，第 1 个用"=="，而这个用"="。对于这个例子，if 的判断永远为 true。因为使用了赋值运算符"="而不是逻辑运算符"=="。对于赋值运算，其返回的逻辑值总是 true.。这也是初学者常犯的错误，一定要注意区分赋值运算符"="和逻辑运算符"=="，否则会遇到一些莫名其妙的错误和问题，而且语法检查也找不出错误原因(因为赋值运算表达式也是有效的条件表达式)。所以请记住：AS 的相等逻辑运算符是"=="而不是"="。

2. 双分支条件结构 if…else

单分支语句只注重解决当判断条件为真时做什么，却没有考虑当判断条件为假时该做什么。假如想要在判断条件不成立时执行另一项操作，则在 if 语句后面加上 else 语句块就可以实现了，具体的语法格式如下：

```
if(逻辑条件)
{
    //条件为真需要执行的语句
}
```

```
else
{
    //条件为假需要执行的语句
}
```

通过下面的示例，了解下这种结构：

```
name = "未知";
//下面是 if…else 语句
if(gender == "男")
{
    trace("先生");
}
else
{
    trace("女士");
}
```

这个示例的意思是通过逻辑表达式 gender == "男"，判断变量 gender 的值是否是"男"，如果条件成立，在输出窗口输出"先生"，否则输出"女士"。下面通过一个常用的 Flash 动画制作方法，掌握上述的语法结构

实例 5-7 加法的练习。

【实例目的】 掌握双分支的条件结构。

【实例重点】 掌握对输入文本框的读操作。

【实例步骤】

（1）执行【文件】|【新建】命令，新建一个文件，其余设置保持默认值，并通过按 Ctrl＋S 键，将该文件保存为"两个数求最大值.fla"。

（2）在【图层 1】的第 1 帧舞台上插入两个静态文本框、两个输入文本框、一个动态文本框，将两个输入文本框分别命名为 txta 和 txtb，将动态文本框命名为 txtresult，位置如图 5-28 所示。

图 5-28 实例 5-7 的舞台内容

（3）自制一个按钮"求最大值"，将其拖曳到舞台上，右击按钮，选择【动作】命令，打开动作面板，输入如图 5-29 所示的代码。

（4）输完上述的代码后，单击代码面板的语法检查工具 ✔ ，检查代码是否存在语法错误。

（5）如果没有错误，执行【控制】|【测试影片】命令，观察动画效果如图 5-30 所示。如果要导出 Flash 的播放文件，执行【文件】|【导出】|【导出影片】命令。

在输入文本框中输入数字进行测试。

```
on(release)
{
    var a,b,sum
    a=parseInt(txta.text)
    b=parseInt(txtb.text)
    if(a>b)
    txtresult.text=a
    else
    txtresult.text=b
}
```

图 5-29 按钮的代码

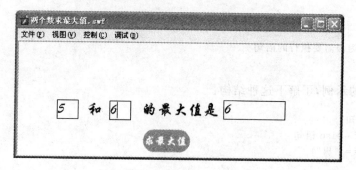

图 5-30　实例 5-7 的运行效果

【实例总结】

该实例的重点：掌握双分支的条件结构以及如何在编程中对输入文本框和动态文本框进行控制。

3. 多分支结构

如果对一个判断，是有很多条件的，不仅是成立或不成立这样简单的对立条件，那么前面的两种结构都不能满足，这需要用到多分支结构，语法格式如下：

```
if(逻辑条件 A)
{
    //逻辑条件 A 成立要执行的语句
}
else if(逻辑条件 B)
{
    //逻辑条件 B 成立要执行的语句
}
    ⋮
else if(逻辑条件 N)
{
    //逻辑条件 N 成立要执行的语句
}
else
{
    //以上所有的逻辑条件都不成立时要执行的语句
}
```

通过下面的示例了解下这种结构：

```
name = "Sam";
//下面是 if...else if 语句
if(name == "SiC")
{
    trace("作者");
}
else if(name == "Flash MX")
{
    trace("Flash MX 是软件名称.");
```

```
}
else if(name != "未知")
{
    trace("谁是 " + name + "?");
}
else
{
    trace("未知");
}
```

这个示例可以接任意多个的 else if 来进行多个条件的判断，最后的 else 语句块可有可无（根据实际需要选用）。唯一不足的就是 else if 太多时，计算机的执行速度较慢（在其他程序语言中也是一大问题）。这时，读者可以使用另一种多分支结构：switch。

4. switch

switch 在 AS 语言中是个很好用的命令，可以通过判断不同的条件表达式执行不同操作。

下面是它的语法结构：

```
switch(变量)
{
    case 常量 A:
    //当变量的值等于常量 A 的时候执行
    case 常量 B:
    //当变量的值等于常量 A 的时候执行
    ⋮
    case 常量 N:
    //当变量的值等于常量 A 的时候执行
    default:
    //当变量的值不等于任何一个上述的常量,需要执行的语句
}
```

AS 的这个结构中，switch 的条件被固定为 ===，即绝对等于（包括数据类型也要相同），不像在其他语言中可以额外使用 >、>= 之类的条件运算符。所以相比于 switch 结构，else if 多分支结构在需要判断大于、小于之类的情况下还是大有用处的。现在来看看下面的例子：

```
mynumber = 3;               //赋值给 mynumber
//下面是 switch 语句
switch (mynumber)
{
    case 1:
        trace ("这是我希望得到的数字.");
        break;
    case 2:
        trace ("这个数字比我的小一点.");
        break;
    case 3:
        trace ("这是我的数字.");
```

```
        break;
    default:
        trace ("这不是我要的数字.")
}
```

上面的例子是一个完整的 switch 语句块。在 case 关键字后面的常量就是需要满足的条件,即 mynumber 是不是等于 1、2、3,如果都不满足,AS 会查找是否存在 default 语句块,如果存在,则执行其中的语句。另外,每个语句块后都有一个 break 关键字,这个关键字是可有可无的,如果没有用 break 跳出 switch 条件选择语句,程序会继续向下搜索满足条件的 case 项目(包括 default 块)并执行其中的语句。在上述的例子中,如果有某个 case 满足条件,则 AS 执行完相应的 case 中的内容,会遇到 break,然后跳出整个 switch 结构,而不会依次往下搜索。下面是一个修改后的例子:

```
mynumber = 3;               //赋值给 mynumber
//下面是没有加 break 的 switch 语句
switch (mynumber) {
    case 1:
        trace ("这是我希望得到的数字.");
    case 2:
        trace ("这个数字比我的小一点.");
    case 3:
        trace ("这是我的数字.");
    default:
        trace ("这不是我要的数字.")
}
```

运行这个例子,会发现同时输出了“这是我的数字”和“这不是我要的数字”。因为没有了 break,在运行了满足条件的 case 3 语句块后,条件选择语句仍会继续执行,而 default 块作为默认条件,总是会被执行,从而产生了这样的结果。一些常见的程序错误也就由此而来。

在 AS 中还有一个用于循环的 continue 命令,可以直接跳到所在循环的条件检测部分(即立即进行下一次循环的条件判断)。这个命令不常用,这里不作讲解。

5.4.6　循环结构

循环结构是可以循环执行某些语句的结构,这种结构能够在一定程度上减少程序的复杂性。这种结构由循环条件和循环体组成,但存在一个上述结构都没有的安全隐患——死循环。一旦循环条件设置不当,程序极有可能陷入死循环状态,这是非常危险的。死循环有可能耗尽系统的资源,最终导致死机。因此,为了避免死循环的出现,在编写程序前一定要谨记下面的原则,循环体每执行一次,一定要有使得循环条件往“假”的方向发展的趋势。下面,介绍常用的循环结构。

1. 循环语句 for

for 循环依赖一个循环变量,它的语法结构如下:

for(初始循环变量; 循环变量条件; 循环变量变化趋势)

```
{
    //只要循环变量满足条件
}
```

上述结构中，AS 的执行顺序是这样的：

（1）首先给循环变量赋初值。

（2）然后判断循环变量条件，如果条件成立，执行步骤（3），如果不成立，退出循环。

（3）循环体的语句。

（4）执行循环变量的变化趋势（增加或者减少），然后执行步骤（2）。

下面这个示例是求 1～100 自然数之和的程序段，通过它来学习 for 循环。

```
var sum = 0;
//下面是 for 循环
for (var i = 1; i <= 100; i++)
{
    sum = sum + i;
}
trace ("sum = " + sum);
```

for 后面括号里面的内容分为 3 部分：初始循环变量值、循环变量条件、循环变量变化趋势。对循环变量的变化趋势可以通过赋值语句来改变。下面是修改后的程序：

```
var sum = 0;
//下面是 for 循环
for (var i = 2; i < 100; i += 2)
{
    sum = sum + i; //trace(i);
}
trace("sum = " + sum);
```

其中，初始值 i 改为了 2，条件改为＜100（即不包括 100），循环变量每次加 2。运行结果是 1～100 的开区间中所有双数之和。如果不清楚循环内部的工作机理，可以删除上例中 for 循环体内"//trace(i);"前的双斜杠，运行代码时会在输出窗口中列出每次的 i 值。那么如果初值不满足循环条件，可以把 i＝2 改为 i＝100 测试。

对应于 for 还有一个 for…in 循环，涉及数组和对象的内容。现在暂不介绍。

2. while 和 do…while

该循环的语法结构如下：

```
while(逻辑条件)
{
    //满足逻辑条件要执行的程序
}
```

while 循环在运行时遵循下面的步骤：

（1）检查 while 后面括号内的条件是否成立。如果条件成立，执行步骤（2），否则结束循环，运行循环体后面的语句。

（2）执行满足条件的语句，再回到步骤（1）。

下面是一个 while 语句的循环示例程序段：

```
n = 0;
//下面是 while 循环
while(n < 5)
{
    n++;
}
trace("n = " + n);
```

上面的例子运行结果为 n=5。当 n<5 时循环的条件成立，于是运行其中的 n++（即 n 增加 1）。当 n=5 时，因为循环条件已经不成立，所以中止循环，执行后面的 trace 语句。

5.4.7　数组

在前面介绍变量时，将内存比喻成无数个房间，用来存放数据。每个房间中只能住一个数据，如房间中原来住着 5，后来 8 又住进这个房间，于是一脚将 5 踢了出去。现在可能有这种情况，就是 8 住进来后，不把 5 踢出去，两个合租。事实上这也是允许的。这种情况就称为数组。在房间中的各个成员称为元素，这些元素的个数就是数组的长度，一些元素的数据类型不一定是相同的，这点与很多高级语言的数组截然不同。在很多高级语言中，数组中所有元素的数值类型必须是一致的。例如，在房间中又住进去 a，它是字符型数据，与前面的 5 和 8 数字的数据类型就不相同。房间中每个元素都有一个编号，在引用这些元素时，只需用编号就行。需要注意的是，数组中的元素编号是从 0 开始的，如上面建的数组 5 是 0 号，8 是 1 号，a 是 2 号。

1. 创建数组

可以用下列格式创建数组。

格式一：

var 数组名:Array = new Array(元素 1,元素 2,…)

格式二：

```
var 数组名:Array = new Array();
数组名[0] = 值;
数组名[1] = 值;
…
```

例如，前面讲的数组通过上述的格式，就可以进行下面的定义：

var myarray:Array = new Array(5,8,a);

或

```
var myarray:Array = new Array();
myarray[0] = 5;
myarray[1] = 8;
myarray[2] = "a";
```

2. 数组元素的引用

创建数组后，就可以引用其元素了，格式为：

数组名称[元素编号];

如要引用上述数组第 1 个元素的值就可以这样写：

```
myarray[0]
```

可以测试下面这段代码：

```
var myarray:Array = new Array(5,8,a);
var b = myarray[0];
trace(b);
```

输出应该是：

```
5
```

3. 数组的属性

数组是对象，即是对象，那么就有它自己的属性和方法，下面就来认识：

属性 length：组数元素的数量。例如，上面的数组 myarray 一共有 3 个元素 5、8、a，那么这个数组的 length 属性为 3。

例如：

```
var myarray:Array = new Array(5,8,a);
b = myarray.length;
trace(b);
```

输出结果为：

```
3
```

4. For…in 循环

在介绍循环语句时，说过 for…in 循环会涉及数组的操作，所以本节介绍。这个循环是遍历一个集合的所有对象的循环，如遍历数组元素。数组中有几个元素就循环几次。

例如：

```
var myarray:Array = new Array(5,8,"a");
for (var b in myarray)
{
    trace(myarray [b]);
}
```

输出结果为：

```
a
8
5
```

例如,用 for 循环和 length 属性也可以实现遍历数组:

```
var myarray:Array = new Array(5,8,"a")
for(var i = 0;i < myarray.length;i++)
{
    b = myarray[i];
    trace(b);
}
```

输出结果为:

```
5
8
a
```

可以看出,这两个循环都是将数组中的循环访问了一遍,只是结果的顺序不同。后面一个实例中应用数组的 length 属性,这个属性最常用的就是用在 for 循环中。

5. 数组的方法

(1) 方法 concat(参数 value)。

它的功能是,将参数中指定的元素追加到现有数组中的元素后面,并组成新的数组。如果 value 参数指定的是数组,则是对两个数组进行拼接组成新的数组。

例如:

```
var myarray:Array = new Array(5,8,"a")
myarray1 = myarray.concat("b");
for(var i in myarray1)
{
    c = myarray1[i];
    trace(c);
}
```

输出为:

```
b
a
8
5
```

用"myarray1 = myarray.concat("b");"将 b 追加到 myarray 数组中的最后并组成新数组 myarray1。

例如:

```
var myarray:Array = new Array(5,8,"a")
myarray1 = myarray.concat("b");
myarray2 = myarray.concat(myarray1);
for(var i in myarray2)
{
    c = myarray1;
    trace(c);
}
```

这时,myarray2 应该是 myarray2[5,8,a,5,8,a,b],是用 concat 方法将两个数组连接起来了。

（2）方法 join(参数 value)。

它的功能是,将数组中的元素转换为字符串,数组每个元素之间采用参数 value 作为它们的分隔符,连接起这些元素然后,返回结果字符串。如果括号中的参数 value 为空,即没有指定分隔符,那么分隔符将用逗号。

例如：

```
var myarray:Array = new Array(5,8,"a");
c = myarray.join(" - ");
trace(c);
```

输出为：

5 - 8 - a

例如,在括号中不设分隔符则用逗号作分隔符。

```
var myarray:Array = new Array(5,8,"a");
c = myarray.join( );
trace(c);
```

输出为：

5,8,a

（3）方法 pop()。

它的功能是,删除数组中最后一个元素,并返回该元素的值。

例如：

```
var myarray:Array = new Array(5,8,"a");
var c = myarray.pop();
trace("被删的是:" + c);
trace("被删后的数组:" + myarray);
```

输出为：

被删的是:a
被删后的数组:5,8

（4）push()。

它的功能是,将一个或多个元素添加到数组的结尾,并返回该数组的新长度。

例如：

```
var myarray:Array = new Array(5,8,"a");
var c = myarray.push("h","c");
trace("添加元素后数组的长度是:" + c);
trace("添加元素后的数组:" + myarray);
```

输出为：

```
添加元素后数组的长度是:5
添加元素后的数组:5,8,a,b,c
```

(5) reverse()。

其功能是,将整个数组倒转。

例如:

```
var myarray:Array = new Array(5,8,"a");
trace(原数组是: + myarray);
myarray.reverse();
trace(被倒转后的数组是: + myarray);
```

输出为:

```
原数组是:5,8,a
被倒转后的数组是:a,8,5
```

(6) shift()。

其功能是,删除数组中第 1 个元素,并返回该元素。参见 pop()方法。

(7) slice(startIndex, endIndex)。

其功能是,返回由原始数组中某一范围的元素构成的新数组,而不修改原始数组。返回的数组包括 startIndex 元素以及从其开始到 endIndex 元素(但不包括该元素)的所有元素。

例如:

```
var myarray:Array = new Array(1,2,3,4,5);
var myarray1:Array = myarray.slice(0,3);
trace(myarray1);
```

输出为:

```
1,2,3
```

(8) sort()。

其功能是,对数组中的元素进行排序。Flash 根据 Unicode 值排序。(ASCII 是 Unicode 的一个子集。)默认情况下,Array. sort() 按下面的列表中的说明进行排序。

- 排序区分大小写(Z 优先于 a)。
- 按升序排序(a 优先于 b)。
- 修改该数组以反映排序顺序;在排序后的数组中不按任何特定顺序连续放置具有相同排序字段的多个元素。
- 数值字段按字符串方式进行排序,因此 100 优先于 99,因为 1 的字符串值比 9 的低。

例如:

```
var myarray:Array = new Array(3,4,1,2,5);
myarray.sort();
trace(myarray);
```

输出为:

```
1,2,3,4,5
```

对数组进行了重新排序。

(9) splice(startIndex, [deleteCount], [value])。

它的功能是，给数组添加元素和从数组中删除元素。此方法会修改数组但不制作副本。

startIndex：一个整数，指定插入或删除动作开始处的数组中元素的索引。可以指定一个负整数来指定相对于数组结尾的位置（如−1是数组的最后一个元素）。

deleteCount：[可选]一个整数，指定要删除的元素数量。该数量包括startIndex参数中指定的元素。如果没有为deleteCount参数指定值，则该方法将删除从startIndex元素到数组中最后一个元素之间的所有值。如果该参数的值为0，则不删除任何元素。

value：[可选]指定要在startIndex参数中指定的插入点处插入到数组中的值。

例如：

```
var myarray:Array = new Array(1,2,3,4,5);
myarray.splice(1);
trace(myarray);
```

输出为：

```
1
```

本例在splice方法中只用了一个参数1，这是指在插入或删除的位置，数组编号从0开始，那么1的位置是第2个元素；第2参数未设置则将删除从第2个元素开始的所有元素；第3个参数未设置则不插入新元素。所以执行后数组中就只剩下第0号元素了。

例如：

```
var myarray:Array = new Array(1,2,3,4,5);
myarray.splice(1,2);
trace(myarray);
```

输出为：

```
1,4,5
```

本例用了两个参数，第2个参数是2，就是说将删除2个元素。

例如：

```
var myarray:Array = new Array(1,2,3,4,5);
myarray.splice(5,0,6);
trace(myarray);
```

输出为：

```
1,2,3,4,5,6
```

本例用了3个参数，第1个参数为5，则是在数组的第6个位置上执行操作；第2个参数是0，是不删除任何元素；第3个参数是6，是插入一个新元素6。

(10) unshift()。

其功能是，将一个或多个元素添加到数组的开头，并返回该数组的新长度，参见push方法。

5.4.8　对象

在现在的编程语言中,大多是面向对象的编程,AS 的版本发展到 3.0 时,已成为标准的面向对象的编程语言了。所以对象的概念是十分重要的。

对象就是一些具体的东西,如舞台上的元件、图形、文本框等,都叫做对象。又如,家中的各种物件都可以叫一个对象,电视、桌椅都可以叫做对象。然后把这些对象分个类,如电器类,包括电视机、电冰箱、电脑等,它们都有一些共同的特点,都要使用电。这样,出现了一个概念叫做类。类就是一些对象共有性质的概括,就是同一类型的意思。还有另外一个概念——实例。一些具体的东西叫对象,实例是一个具体的对象。类是指一类相同特性的东西,如电器类,下面有很多对象(当然也可以有子类),如电视机、洗衣机等,对象只是一个概念,实例才是具体的东西。例如,客厅中的电视机就是电视机对象的一个实例。所以,放在场景中的任何一件东西——影片剪辑、按钮、图形等,都是一个具体的实例。对象都有它们的一些属性和方法。例如,一个影片剪辑对象就有它自己的属性,如大小、位置(x、y 坐标)、颜色等。还有一些简单的知识,AS 中的对象都包含数据,也可以是舞台上的电影剪辑,也可以是舞台上的按钮等。既然包含了那么多对象,那么每种对象肯定有各自的属性,如影片剪辑(MovieClip)对象,它的属性就有_height(高度)、_rotation(旋转)等,这些属性不需要去特意地记忆,当使用的时候可以随时翻阅脚本字典。在以后的教程中会陆续介绍一些基础脚本的使用技巧。

属性的表示方法如下:

```
对象名称._属性名称
```

例如,在场景中有一个影片剪辑,属性面板中为它指定实例名称为 mc,那么就可以在 AS 中为它指定属性:

```
mc._x = 200;
mc._y = 300;
```

元件 mc 被放在了舞台(200,300)表示的位置。

_visible 属性:可以设置对象是否可见,如果设为 false,就不可见;设为 true,就可见。例如,要让 mc 不可见就可用如下的代码:

```
mc._visible = false;
```

这样运行时就看不见该 mc,如果想看见它,可用如下的代码:

```
mc._visible = true;
```

关于影片剪辑对象的编程,第 6 章会专门介绍。接下来重点介绍 Flash 内置中重要且使用率较高的对象。

1. Math

Math 是一个顶级类,主要包含了一些数学运算的函数,如三角函数 sin()、cos()等。下面介绍它的几个常用的方法:

1) random()

它是 Math 类中的一个函数,作用是产生一个 0~1 之间的随机数。这个语句经常在下雨、下雪、烟花等特效中用到,语法格式如下:

```
Math.random();
```

2) round()、ceil()、floor()

它们是 Math 类的取得整数的 3 个函数,它们的作用分别是,Math.round()是采用四舍五入方式取得最接近的整数;Math.ceil()是向上取得一个最接近的整数;Math.floor()和 Math.ceil()相反,向下取得一个最接近的整数。

```
Math.round();
Math.ceil();
Math.floor();
```

结合这些函数,可以实现下面的功能:

```
Math.round(Math.random());
```

这个表达式可以生成一个 0.0~1.0 之间的一个数,然后四舍五入取得一个整数。这样所生成的数字就是 0 或 1。这个表达式可以用在各有 50%可能的情况下,如抛硬币或 true/false 指令。

```
Math.round(Math.random() * 10);
```

是将所生成的小数乘以 10,然后四舍五入取得一个整数。

要创建一个 1~10 之间的随机数,可以这样写:

```
Math.ceil(Math.random() * 10);
```

因为是 Math.ceil 向上取值,所以不会产生 0。要创建一个 5~20 的随机数可以这样写:

```
Math.round(Math.random() * 15) + 5;
```

也就是说,如果要创建一个从 x~y 的随机数,就可以这样写:

```
Math.round(Math.random() * (y - x)) + x;
```

x 和 y 可以是任何的数值,即使是负数也一样。

实例 5-8 使用 Math.random()制作加法练习器。

【实例目的】 掌握 Math.random()。

【实例重点】 理解 Flash 组件的概念。

【实例步骤】

(1) 执行【文件】|【新建】命令,新建一个文件,其余设置保持默认值,按 Ctrl+S 键,将该文件保存为"加法练习.fla"。

(2) 将【图层 1】修改为【题目】,并在上面绘制 3 个静态文本框和 2 个动态文本框、一个输入文本框,如图 5-31 所示。静态文本框的内容为"加法练习"、"+"、"="。两个动态文本框分别取名为 a、b。输入文本框取名为 shuru。内容建立后,在第 2 帧的位置插入帧。

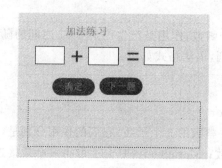

图 5-31　实例 5-8 的舞台

（3）在图层【题目】的上方，添加图层【按钮】，并在其中放置图 5-31 中的两个按钮"确定"、"下一题"。分别给两个按钮的实例取名为 btnOk 和 btnNext。内容建立后，在第 2 帧的位置插入帧。

（4）在图层【按钮】的上方，添加一个图层【显示结果】，并在该层的舞台上，放置如图 5-31 所示的动态文本框，取名为 msg。

（5）在图层【显示结果】的上方新建一个图层 as，并在第 1 帧的代码视图中，输入如图 5-32 所示的代码。在第 2 帧加入代码 gotoAndPlay(1)。

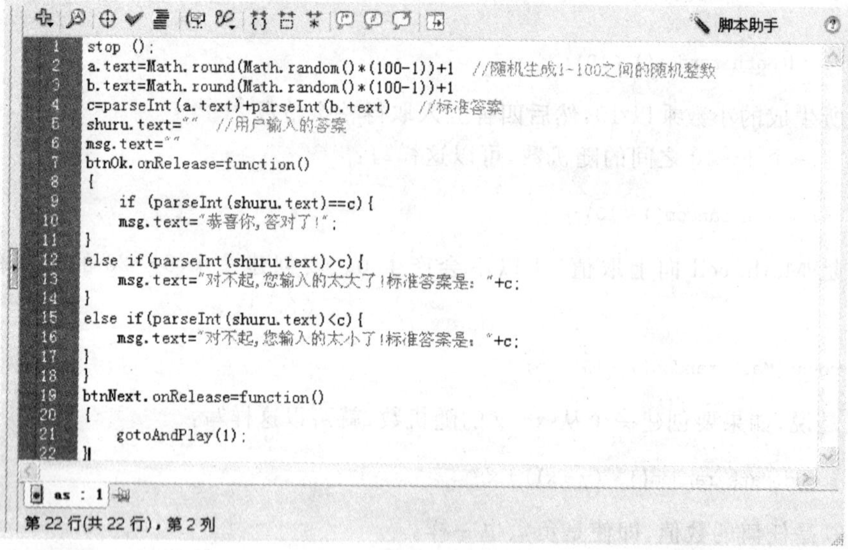

```
stop ();
a.text=Math.round(Math.random()*(100-1))+1    //随机生成1-100之间的随机整数
b.text=Math.round(Math.random()*(100-1))+1
c=parseInt(a.text)+parseInt(b.text)    //标准答案
shuru.text=""    //用户输入的答案
msg.text=""
btnOk.onRelease=function()
{
    if (parseInt(shuru.text)==c){
        msg.text="恭喜你,答对了!";
    }
    else if(parseInt(shuru.text)>c){
        msg.text="对不起,您输入的太大了!标准答案是:"+c;
    }
    else if(parseInt(shuru.text)<c){
        msg.text="对不起,您输入的太小了!标准答案是:"+c;
    }
}
btnNext.onRelease=function()
{
    gotoAndPlay(1);
}
```

as : 1

第 22 行(共 22 行),第 2 列

图 5-32　实例 5-8 的代码

上述代码的意思是，首先通过 Math 类的 random()方法，随机在两个动态文本框输入两个数，然后由用户把标注答案输入到输入文本框，单击"确定"按钮，用户的答案会和输入的答案比较，对于相等、大于、小于 3 种情况，程序都进行了判断，并把结果显示在动态文本框中。

（6）实例完成后，图层结构如图 5-33 所示。

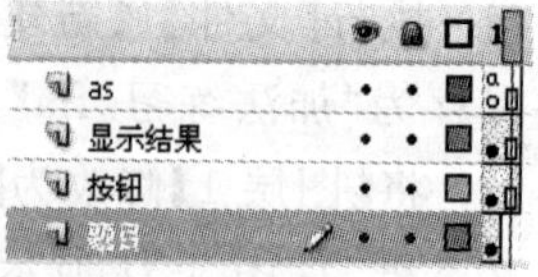

（7）执行【控制】|【测试影片】命令，观察动画效果，如果要导出 Flash 的播放文件，执行【文件】|【导出】|【导出影片】

图 5-33　实例 5-8 的图层结构

命令。按 Ctrl＋Enter 键，测试效果如图 5-34 所示。

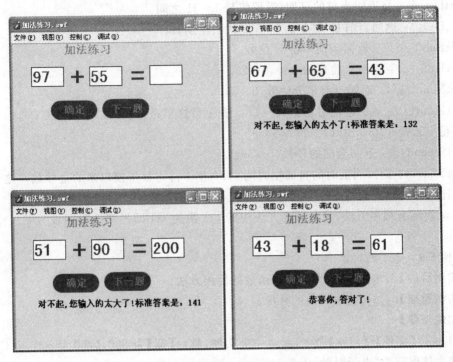

图 5-34　实例 5-8 的运行效果

【实例总结】

该实例的重点：当随机计算出两个值时，要使用一个变量存着，以备和用户输入的答案作比较。

3）atan2()

该函数的意思是可以返回一个点与 x 轴的夹角。语法如下：

```
Math.atan2(y,x)
```

注意：这里点的坐标是 y 在前，x 在后。

atan2()得出的度数是弧度。为了读者运算，下面了解角度与弧度的转换。

在 AS 中计算常常是用弧度，而直观操作又常常用到角度，因此，就会常常用到角度与弧度转换的问题，可以通过下述的公式对角度和弧度进行转换：

```
角度 = 弧度 * 180/Math.PI
弧度 = 角度 * Math.PI/180
```

2. Date

这个类提供了很多处理日期与时间的函数。Date 类提供了对日期和时间的操作方法，在本节中还将介绍另一个类 Timer，它提供了对时间间隔的操作。

要使用 Date 类首先要创建一个 Date 类实例：

```
var now:Date = new Date();
```

创建了 Date 实例后，就可以调用 Date 类的方法，来获取当前时间。

getDate()：将返回当前的日期，返回值是 1～31 之间。

getDay()：返回当前是星期几，0～6，0 代表星期日。

getFullYear()：返回当前年份，4 位数。

getHours()：返回当前是几点钟，0～23。

getMinutes()：返回当前是分钟数，0～59。

getMonth()：返回前的月份数，0～11。请注意这里是 0～11，即 0 代表 1 月。那么当前的月份应该是 getMonth()+1。

getSeconds()：返回当前的秒数，0～59。

getTime()：返回当前时间自通用时间 1970 年 1 月 1 日午夜以来的毫秒数。这个方法常用来比较两个日期间的间距，如倒计时牌。

Date 类还有很多方法，将上面的方法中的 get 换为 set 即把某个时间设置给一个 Date 对象。

实例 5-9 电子时钟。

【实例目的】 掌握 Date 类的各种函数的使用方法。

【实例重点】 如何获取当前的月份。

【实例步骤】

（1）执行【文件】|【新建】命令，新建一个文件，舞台【宽】为 550，【高】为 200，按 Ctrl+S 键，将该文件保存为"电子时钟.fla"。

（2）将【图层 1】修改为【文本框】，并在上面绘制两个静态文本框和两个动态文本框，如图 5-35 所示。静态文本框的内容为"日期"、"时间"。两个动态文本框分别取名为 mydate、mytime。内容建立后，在第 2 帧的位置插入帧。

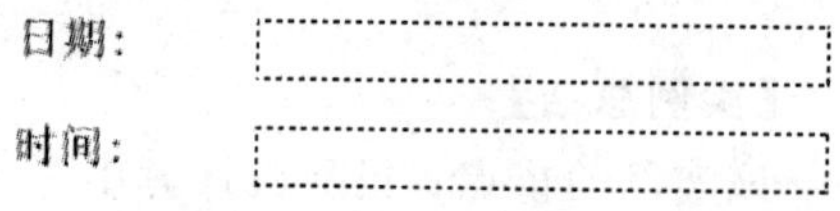

日期：

时间：

图 5-35　实例 5-9 的舞台

（3）在图层【文本框】的上方新建一个图层 as，并在第 1 帧的代码视图中，输入如图 5-36 所示的代码。

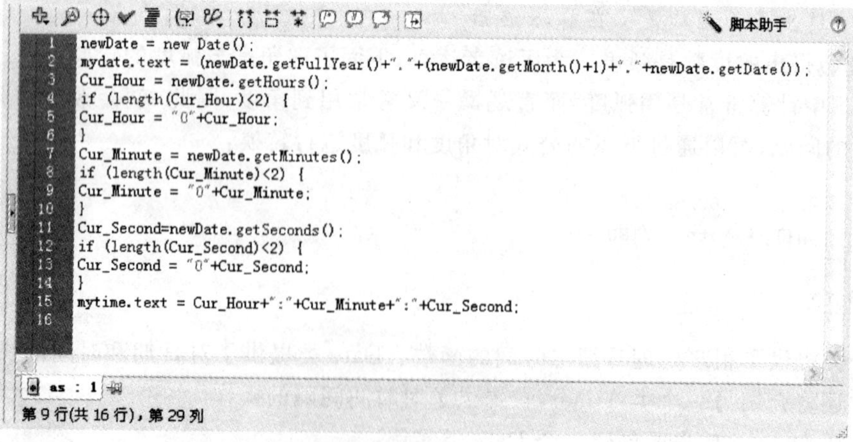

```
newDate = new Date();
mydate.text = (newDate.getFullYear()+"."+(newDate.getMonth()+1)+"."+newDate.getDate());
Cur_Hour = newDate.getHours();
if (length(Cur_Hour)<2) {
Cur_Hour = "0"+Cur_Hour;
}
Cur_Minute = newDate.getMinutes();
if (length(Cur_Minute)<2) {
Cur_Minute = "0"+Cur_Minute;
}
Cur_Second=newDate.getSeconds();
if (length(Cur_Second)<2) {
Cur_Second = "0"+Cur_Second;
}
mytime.text = Cur_Hour+":"+Cur_Minute+":"+Cur_Second;
```

图 5-36　实例 5-9 的代码

　　上述代码的意思是通过 Date 类的各种方法，把日期和时间都求出来，然后放置到动态文本框中。

　　（4）实例完成后，图层结构如图 5-37 所示。

　　（5）执行【控制】|【测试影片】命令，观察动画效果，如果要导出 Flash 的播放文件，执行【文件】|【导出】|【导出影片】命令。按 Ctrl＋Enter 键，测试效果如图 5-38 所示。

电子时钟.swf	
文件(F)　视图(V)　控制(C)　调试(D)	
日期：	2012.2.26
时间：	23:01:14

图 5-37　实例 5-9 的图层　　　　图 5-38　实例 5-9 的运行效果

【实例总结】

该实例的重点：Date 类获取月份时，数值与实际的月份相差 1。

习题 5

1. 单选题

（1）在按钮编辑模式中以下各帧中_____是鼠标按下时的状态。

　　　A. Up　　　　　B. Over　　　　　C. Down　　　　　D. Hit

（2）ActionScript 中文可以直译为_____。

　　　A. 语言　　　　B. 动作脚本　　　C. 动作　　　　　D. 程序设计

（3）标识符 Flash 的全局函数使用标识符_____。

　　　A. _global　　　　　　　　　　　B. global

　　　C. var　　　　　　　　　　　　　D. 只要定义在时间轴上就可以

（4）未定义值数据类型是值是_____。

　　　A. undefined　　B. NaN　　　　　C. null　　　　　D. .

（5）以下关于使用元件的优点的叙述正确的是_____。

　　　A. 使用元件可以使发布文件的大小显著地缩减

　　　B. 使用元件可以使电影的播放更加流畅

　　　C. 使用元件可以使电影的编辑更加简单化

　　　D. 以上均是

（6）使用动作脚本进行编程时，在使用 trace 函数显示一个未定义值的数据，结果将显示为_____。

　　　A. undefined　　B. Nan　　　　　C. null　　　　　D. 空字符串

（7）为了方便理解代码，可以注释当前行。添加注释时，必须先输入_____符号。

　　　A. &　　　　　　B. //　　　　　　C. @　　　　　　D. \\

（8）在按钮上按下鼠标左键，然后拖动鼠标，将鼠标指针从按钮上移走，再松开左键时，触发动作。这是按钮的_____触发事件。

    A. release   B. releaseOutside C. rollout   D. DragOver

(9) set(position, getProperty("car", _x));语句等价于_____语句。

    A. position. car. _x   B. position＝car. x

    C. position＝car. _x   D. position＝_x

(10) 下列关于变量的作用范围叙述错误的是_____。

    A. 变量的作用范围指能够识别和引用该变量的区域

    B. 全局变量可以在所有时间轴中共享,局部变量在它所在的代码块中有效

    C. 在函数体内通常使用全局变量

    D. 使用局部变量有助于防止变量名的冲突

(11) welcomeyou. substr(8)的返回结果是_____。

    A. welcomeyou   B. come

    C. welcomey   D. you

(12) 按钮元件的时间轴上的每一帧都有一个特定的功能,其中第 1 帧是_____。

    A.【弹起】状态   B.【指针经过】状态

    C.【按下】状态   D.【点击】状态

2. 填空题

(1) 所谓"动作",指的是一套_____。

(2) 给关键帧添加 fscommand("quit");代码,则当动画播放到该帧时,就会_____。

(3) Flash 中的变量主要有_____、_____和_____三种类型。

(4) 表达式(4＋3)×2/0 的计算结果是_____。

3. 多选题

(1) 文本工具包括_____。

    A. 静态文本   B. 动态文本   C. 超链接文本   D. 输入文本

(2) Flash 软件自带的公用库包括_____。

    A. 声音   B. 按钮   C. 学习交互   D. 影片剪辑

(3) 下列_____是 ActionScript 的关键字。

    A. break   B. function   C. default   D. void

(4) 以下关于按钮元件时间轴的叙述正确的是_____。

    A. 按钮元件的时间轴与主电影的时间轴是一样的,而且会通过跳转到不同的帧
       来响应鼠标指针的移动和动作

    B. 按钮元件中包含了 4 帧分别是 Up、Down、Over 和 Hit 帧

    C. 按钮元件时间轴上的帧可以被赋予帧动作脚本

    D. 按钮元件的时间轴里只能包含 4 帧的内容

4. 综合实践题

(1) 新建一个作业"日期和时钟.fla",制作如图 5-39 所示的动画,实例可以参考"fla\第 5 章\日期和时间.swf"。

    要求:单击红色的按钮,能够在每个文本框中,正确显示当前的日期、时间。

(2) 新建一个作业"时钟.fla",制作如图 5-40 所示的动画,实例可以参考"fla\第 5 章\时钟.swf"。

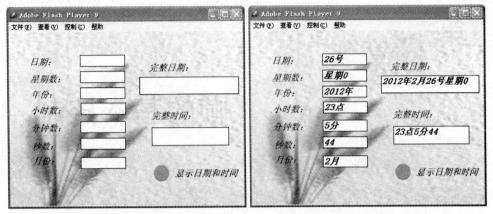

(a) 实例最初画面　　　　　　　　　　　(b) 单击按钮后画面

图 5-39　操作题(1)的效果

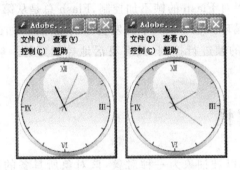

图 5-40　操作题(2)的效果

要求:

① 表盘要突出自己的个性,可以不参考下面的表盘。

② 时间要能准确的反映当前计算机的时间。

第6章

帧的基本控制

本章学习指引：

- 了解用来控制帧的常用函数和属性；
- 掌握 Loading 的制作原理以及测试方式。

在实际的应用中，如果对 Flash 的帧不加控制，Flash 总是从第一帧运行到最后一帧，然后再从第一帧开始，这样循环。在 Flash 中开发交互的应用时，如此循环显得极不可控，为此必须掌握如何对 Flash 的帧进行控制，只有灵活地控制好每一帧，才能实现自己想要的Flash 动画。

6.1 控制帧的属性

Flash 中，影片本身可以被抽象为一种对象，该对象所具备的属性和全局变量有相同的变量作用范围。在整个动画中，它可以被调用，掌握这些属性对控制整个动画的整体非常重要。

_currentframe：只读属性，返回当前帧的编号，如果直接使用该属性，返回的是主时间轴的当前帧。

_totalframes：只读属性，返回总的帧数，如果直接使用该属性，返回的是主时间轴的总帧数。

_framesloaded：用来获取已经下载的帧数。此属性为只读属性，也就是只能用来获取而不能修改它的值。

下列示例代码使用_framesloaded 属性和 nextFrame()方法，判断动画是否被载入。如果载入了，则执行 nextFrame 方法；否则，将执行 this.gotoAndPlay(1)，继续跳转到第 1帧，等待加载。这段代码只要添加到时间轴的第 2 帧即可。

```
if (this._framesloaded >= 3)
{
    this.nextFrame();
}
else
{
    this.gotoAndPlay(1);
}
```

6.2 控制帧的方法

整个动画作为一个标准的对象,除了具备上述的属性外,还具备下面的方法:

(1) stop():停止当前正在播放的影片剪辑。如果直接使用该方法,将停止主时间轴的影片剪辑,如果使用影片剪辑的名称调用,则停止相关的影片剪辑。

例如:

```
mc.stop()
```

意思是停止影片剪辑 mc 的播放。

(2) nextFrame():将播放头转到下一帧并停止。

(3) prevFrame():将播放头转到前一帧并停止

(4) gotoAndPlay(参数 1):该命令使影片从当前帧跳转到指定的任意一帧,可以用帧编号或帧标签指定一帧。

参数 1:某个帧的编号或帧的标签。

例如:

```
gotoAndPlay(9);
```

表示跳转到第 9 帧继续播放。

```
gotoAndPlay("myFrame");
```

表示跳转到标签为 myFrame 的帧继续播放。

如果影片中不止一个场景,可以指定要跳转到特定场景的特定帧。如果 gotoAndPlay()命令中只有一个参数,Flash 将认为它代表某个帧;如果有两个参数,第 1 个参数将作为场景名,第 2 个参数代表该场景中的帧。

例如:

```
gotoAndPlay("myScene", 1);
```

表示跳转到场景 myScene 的第 1 帧继续播放。

(5) gotoAndStop(参数 1):跳转到某个帧并停止。

参数 1:某个帧的编号或帧的标签。

例如:

```
gotoAndStop(3)
```

表示跳转到第 3 帧,并且停在该帧。

```
gotoAndStop("myFrame")
```

表示跳转到帧标签为 myFrame 的帧上,并停在该帧。

(6) getTimer():是从 Flash 开始运行计时的,返回影片播放后所经过的时间,单位为ms。如果要用 getTimer()计时,就得用后面的时间减去前面的时间才行。

(7) getBytesTotal():返回动画影片的总容量。

(8) getBytesLoaded()：该函数是用来获取动画或是电影剪辑的已下载总字节数,如果是外部动画将返回动画的总字节数。可以通过对文件的大小观察动画的总字节数,但对于网络上使用浏览器的用户来说,动态显示文件大小是很有必要的。此外,getBytesLoaded()函数还可以用于更加精确的动画预载(Loading)设计,因为它并不像_framesloaded属性是获取影片的总帧数,而是以字节作为单位获取。如果说动画的最后一帧将是一个大容量的图像或是声音的话,那么_framesloaded所获得的已下载帧的百分比将不准确,getBytesLoaded()有效地弥补了此方面的不足。

例如：

```
i = _root.getBytesTotal();
if(_root.getBytesLoaded()>= 1000000)
{
    n = _root.getBytesLoaded();
    if(n <= i/4)
    {
        _root.stop();
        trace("下载了 1M,还不到四分之一,动画太大,下载时间会很长,是否继续?")
    }
}
```

此句的意思为当动画下载到1MB时,比较是否已经下载了动画的四分之一,如果是,停止动画的播放,在调试窗口显示"下载了1MB..."等字符串,根据动画中的其他行为判断是否继续播放。此例也可以通过动态文本框显示已经下载的文字数,假设在动画的主场景中有一个变量名为text的动态文本框变量,那么如下的代码：

```
_root.text = _root.getBytesLoaded();
if(_root.getBytesLoaded()>= _root.getBytesTotal()){
    gotoandplay(3);
}else{
    gotoandplay(1);
}
```

可使得动态文本框动态显示已经下载的字节数为用户服务,用户也会了解在动画的下载过程中动态的进度。

简易电子相册的制作

图片的使用可以使网站更加活泼,图片本身的呈现方式也是五花八门,这些图片展示方式中使用了很多的技术,有基于JavaScript技术的,也有基于Flash的。

实例6-1　简易电子相册的制作。

【实例目的】　通过按钮实现对帧的控制。

【实例重点】　通过按钮的编程对帧进行控制,以及按钮如何控制输入文本框和动态文本框。

【实例步骤】

1) 准备工作

(1) 打开Flash,执行【文件】|【新建】命令,新建一个影片文档,其余设置保持默认值,并

通过按 Ctrl+S 键,将该文件保存为"简易相册.fla"。

　　(2) 通过该 Flash 的库面板左下方的按钮 🔲 ,新建三个按钮元件:"下一张"、"上一张"、"跳转"。

　　(3) 把素材文件夹"fla\第 6 章\简易相册"中所有的 7 幅图片导入到库,在时间轴上把【图层 1】命名为【图片】,依次插入 7 个关键帧,并将 7 张图片依次拖曳到这些关键帧中。

　　(4) 依次单击上述的每个关键帧,对图片进行大小的调整和位置的调整。如图 6-1(a)所示,锁定图片的纵横比,将图片的宽度调节为 550,并将标识每幅图片位置的 X 和 Y 都设为 0(Flash 舞台的原点是(0,0)),如图 6-1(b)所示。

(a) 图片的位置　　　　　　　　　　　(b) 图片的属性

图 6-1　图片的位置和属性

2) 编写代码

　　(1) 在图层【图片】的上方,添加一个图层 as,为了使得 Flash 刚刚播放时,就停在第 1 帧(第 1 副图片),所以在该层的第 1 个关键帧里写入代码 stop()。

　　(2) 在图层【图片】的上方,再添加一个图层【按钮】,将制作好的按钮"上一张","下一张"从库中拖曳到该层的舞台上,分别对"上一张"按钮写入程序:

```
on(realease)
{
    prevFrame()              //播放上一帧
}
```

对"下一张"按钮写入程序:

```
on(realease)
{
    nextFrame()              //播放下一帧
}
```

3) 增加图片位置提示功能

　　(1) 在图层【图片】的上方,再添加一个图层【文本框】,在舞台上绘制一个动态文本框,名称为 cf,字体格式为"黑体,26 号",属性设置如图 6-2 所示。

　　(2) 为了使得 Flash 刚播放时就显示图片的顺序,在 as 图层的第一帧追加如下的代码:

```
//显示当前第几副图片以及显示总图片数量
cf.text = _currentframe + "/" + _totalframes
```

　　(3) 为了使得在上下翻阅图片的时候,这个提示都动态的发生变化,准确反映图片的位

图 6-2　动态文本框属性

置,所以对上述两个按钮也需追加如下的代码:

```
cf.text = _currentframe + "/" + _totalframes
```

4) 增加图片跳转功能

(1) 在【文本框】图层,舞台下方插入一个输入文本框,命名为 page,在该输入文本框右边插入一个自制按钮"跳转"。

(2) 为了实现当单击"跳转"按钮的时候能够自动跳到相应的图片,对"跳转"按钮进行如下的编程:

```
on(release)
{
    var i
    i = page.text
    gotoAndStop(parseInt(i))
    cf.text = _currentFrame + "/" + _totalframes
}
```

图 6-3　实例 6-1 图层结构

(3) 实例制作完成后,整个图层结构如图 6-3 所示。

(4) 执行【控制】|【测试影片】命令,观察动画效果,如果要导出 Flash 的播放文件,执行【文件】|【导出】|【导出影片】命令。按 Ctrl+Enter 键,测试效果如图 6-4 所示。

图 6-4　实例演示效果

【实例总结】

该实例的重点:掌握控制帧,并实现图片控制来制作简易相册。

6.3　Loading 的制作

所谓 Loading，就是 Flash 动画在网络上的预载，主要是指在网上观看 Flash 电影或其他 Flash 视频时，由于文件太大，或是网速限制，需要装载较长一段时间才能播放，而这个装载所需的时间对于用户来说又是未知的，所以在 Flash 电影装载过程中，如果没有任何提示，多数用户都不会有足够的耐心在面对空白的网页许久仍继续等待。制作 Loading 已经变成提升用户体验的非常重要的一个环节。

制作 Loading，就是要告诉用户目前 Flash 电影的装载情况，哪怕做的 Loading 只是简单的一个小动画，都会起到很好的效果。在使用本地机浏览本地制作的 Flash 时，不会存在 Loading 的问题，因为本地机既充当服务器又充当客户机的时候，网速是非常快的，几乎没有任何延时。这样在本地演示 Flash 时，就不会发生预载的情况。可以使用 Flash 软件模拟网页下载环境，设置极低的网速测试预载动画。

Loading 网页预载程序是网页动画中的一个关键，因为即便是 Flash 生成的文件很小，一旦把它放置到网络上，就必须要考虑用户的广泛性和异样性。例如，使用调制解调器的用户速度还是非常慢，这部分用户也需要被考虑。如果没有一个预载的过程，动画观看起来也不会很流畅。在动画中加入了大量的声音和图像，没有了 Loading 将不会流畅的展现在用户眼前。

Loading 分成两种，一种是没有下载进度提示的；另一种是精确显示下载进度的。可以根据需要分别使用，也可以结合两者，或许可以得到更好的效果。下面分别介绍这两种 Loading 的制作，在这里为了教学，选用的都是比较简单的 Loading 示例，不过制作 Loading 的方法大同小异，在实际制作中可以充分发挥想象，创作好的 Loading，一个好的 Loading 对于整部影片也有画龙点睛的作用。

6.3.1　模糊 Loading 的制作

实例 6-2　基于 _framesloaded 的模糊 Loading 制作。

【实例目的】　掌握 _framesloaded 的应用。

【实例重点】　掌握使用模拟下载进行调试的方法。

【实例步骤】

(1) 打开"fla\第 6 章"的文件"模糊 Loading 制作.fla"，将【图层 1】的名称修改为 loading，打开该 Flash 的库面板，将影片剪辑 loadman 拖曳到舞台中，在第 2 帧插入关键帧。

(2) 在 loading 图层的上方，新建一个图层，命名为【正文】，在该图层的第 3 帧处(保持前 2 帧空白)，将"fla\第 6 章\树.jpg"导入到舞台，并在第 100 帧处插入关键帧，使得第 3 帧到第 100 帧的舞台上都是树的图片，这样做的目的是模拟真正的 Flash 的容量以及帧的总数。

(3) 在【正文】图层的上方，新建一个图层，命名为 as，在该图层的第 1 帧，输入如下的代码：

```
if(_framesloaded == _totalframes)
    gotoAndPlay(3)
```

上述代码的意思是如果载入的帧数等于总的帧数,即 Flash 预载完成,则跳转到第 3 帧开始执行,而第 3 帧恰恰是正文的开始。如果载入的帧数不等于总的帧数,则无任何动作,鉴于 Flash 还要继续执行的特点,所以代码虽然没有规定动作,但是 Flash 将继续执行第 2 帧。

第 2 帧输入如下的代码:

```
gotoAndPlay(1)
```

这句代码的意思当 Flash 执行到第 2 帧的时候,将无条件的回转到第 1 帧,这样实际上形成了一个循环过程。

(4) 实例制作完成后,整个图层结构如图 6-5 所示。

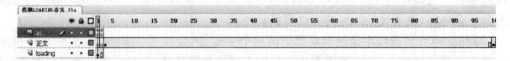

图 6-5　实例 6-2 的图层结构

(5) 执行【控制】|【测试影片】命令,观察动画效果,如果要导出 Flash 的播放文件,执行【文件】|【导出】|【导出影片】命令。按 Ctrl+Enter 键测试效果如图 6-6(a)所示。

(a) FLASH正文　　　　　　　　(b) 进行模拟下载的菜单

图 6-6　实例 6-2 的测试效果

(6) 打开图 6-6(a)中的菜单【视图】|【下载设置】|【T1(131.2kb/s)】,如图 6-6(b)所示,进行模拟的下载设置,因为即使容量再大的 Flash,如果在本地进行测试,下载也是瞬间完成的,这将无法查看预载的情况。图 6-7(a)所示是在带宽为 131.2KB/S 下的预载画面,经过 5~6 秒的预载将显示如图 6-7(b)所示的正文画面。

【实例总结】

该实例的重点:掌握模拟 Flash 的下载环境,以测试预载效果,掌握制作模糊 Loading 的思路。

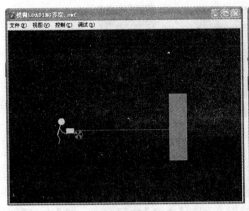
(a) 预载画面

(b) 预载后的正文画面

图 6-7 实例在模拟下载环境中的演示效果

6.3.2 精确 Loading 的制作

6.3.1 节介绍了制作模糊的 Loading,本节将继续探究关于 Loading 的制作,在预载过程中,使得预载的属性更加精确,更加多样化。

精确的 Loading 可以让人一目了然,便于用户更准确的把握时间。一般要求主动画直接在主场景中制作,这样才可以连续显示出装载的比例。模糊 Loading 的缺点是它只能显示已装载帧数与总帧数的百分比,不能精确显示已装载数据量与 Flash 电影总数据量的百分比,也就是说,假如电影的某一帧数据量比其他帧大很多,则会在这一帧上停留很久,而在其他帧上快速擦过。

实例 6-3 带进度条的 Loading。

【实例目的】 掌握带进度条的 Loading 的制作方法。

【实例重点】 熟悉整个实例的思路以及涉及的方法和属性。

【实例思路】

(1) 制作一个 100 帧的读取动画影片剪辑,这样可以做出各式各样的 Loading 效果。

(2) 读取的百分比 $= \dfrac{\text{已读取字节数}}{\text{总字节数} \times 100}$。

(3) 根据读取的百分比数停止到影片剪辑(Loading)的相应帧上。

【实例步骤】

1) 新建文件

打开 Flash,执行【文件】|【新建】命令,新建一个影片文档,其余设置保持默认值,并通过按 Ctrl+S 键,将该文件保存为"精确 loading. fla"。

2) 绘制 loading 元件

(1) 打开库面板,单击 <img> 按钮新建一个影片剪辑元件,命名为 loading,如图 6-8 所示。

(2) 在影片剪辑 loading 时间轴的第 1 帧舞台上绘制一个如图 6-9(a)所示的电池。

图 6-8 创建 loading 影片剪辑

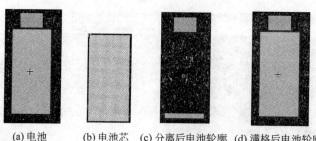

(a)电池　　(b)电池芯　(c)分离后电池轮廓　(d)满格后电池轮廓

图 6-9　电池轮廓

(3) 通过分层,将轮廓和电池芯分离,电池芯如图 6-9(b)所示,电池轮廓如图 6-9(c)所示。并将电池芯转换为图形元件"电量"。并放置在图层【电量】的舞台上。在【电量】图层的第 1 帧,通过任意变形工具调节"电量"的高度。"电池轮廓"放置在图层【电池轮廓】中。并使得图层【电池轮廓】位于图层【电量】的上方。

(4) 在图层【电量】的第 100 帧插入一个关键帧,并在该帧中使用任意变形工具将电量调整到满格,如图 6-9(d)所示。右单击【电量】图层的首帧,选择【创建补间动画】通过制作一个 100 帧的动作补间动画,表示一个电池的电量从很少到满格的效果。

(5) 影片剪辑 loading 制作完成后的图层结构,如图 6-10 所示。

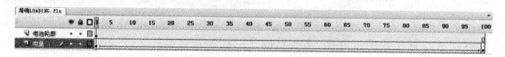

图 6-10　影片剪辑 loading 的图层结构

3) 主时间轴编程

(1) 影片剪辑 loading 制作完成后,切换到主时间轴上,从上到下,分别建立 4 个图层 as、正文、各种属性、loading。

(2) 选中 loading 图层,把库中刚刚制作好的影片剪辑 loading 拖曳到舞台上,为了使得程序能够控制它,选中它后,在属性面板上把这个影片剪辑实例命名为 loading,如图 6-11 所示。在第 2 帧插入帧。

(3) 选中【各种属性】图层,在舞台的下方,分别绘制如图 6-12 所示的静态文本框和动态文本框(虚线框表示的是动态文本框)。字体格式为【微软雅黑】,12 号。颜色值为♯CC0000。对于动态文本框进行命名:txtspeed、txtTotal、txtLoaded、txttimeloaded、txtremain。在第 2 帧插入帧。

图 6-11　影片剪辑 loading 的实例命名　　　　图 6-12　各种属性

(4) 选中【正文】图层,保持第 1、第 2 帧为空白帧,在第 3 帧导入"fla\第 6 章\树.jpg"图片,并在第 60 帧插入关键帧,用这种内容来模拟真实的 Flash 正文内容。

（5）选中 as 图层,在第 1 帧中,输入下面如图 6-13 所示的程序。

```
1   byteloaded = getBytesLoaded();
2   bytetotal = getBytesTotal();
3   txtTotal.text=bytetotal/1000+"K"
4   txtLoaded.text=byteloaded/1000 +"K"
5   loaded = int(byteloaded /bytetotal * 100);
6   txtper.text=loaded +"/100"
7   t = getTimer ();
8   // 下载速度和百分比
9   speed = int(byteloaded/t * 100)/100;
10  txtspeed.text=speed + " K/s"
11  // 时间相关
12  timeloaded = int(t/1000);
13  txttimeloaded.text=timeloaded+"秒"
14  timeremain = int((bytetotal- byteloaded) / 1000/speed);
15  txtremain.text=timeremain+"秒"
16  if (bytetotal>byteloaded)
17  {
18  loading.gotoAndStop(loaded);
19  }
20  else
21  {
22  gotoAndPlay(3)
23  }
24
```

图 6-13　as 图层的第 1 帧代码

在第 2 帧中输入下面的程序:

```
gotoAndPlay(1)
```

意思是无条件返回第 1 帧,实际上这样的代码在 Flash 中形成了简单的帧循环。

（6）整个实例制作完成后的图层结构如图 6-14 所示。

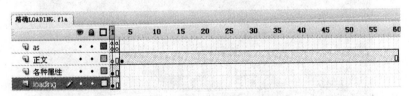

图 6-14　实例 6-3 的图层结构图

（7）执行【控制】|【测试影片】命令,观察动画效果,如果要导出 Flash 的播放文件,执行【文件】|【导出】|【导出影片】命令。按 Ctrl＋Enter 键测试效果如图 6-15(b)所示。

（8）对模拟下载进行设置:设置下载速度为 DSL (32.6KB/S),再按 Ctrl＋Enter 键,进行测试,测试效果如图 6-15(b)所示。

【实例总结】

该实例的重点:使得读者能够通过 getbytesLoaded 函数和 getbytesTotal 函数,制作更加精确显示预载情况的 Loading 动画。

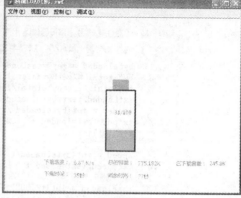

(a) 预载成功的主画面　　　　　　　　(b) 预载效果

图 6-15　实例 6-3 的运行效果

习题 6

1. 单选题

Flash 的动作中 GoTo 命令是代表_____。

　　A. 转到　　　　　　B. 变换　　　　　　C. 播放　　　　　　D. 停止

2. 综合实践题

(1) 在"模糊 loading"实例的基础上,增加两个动态文本框和一个静态文本框,实现实时的显示当前帧的下载情况。效果如图 6-16 所示。

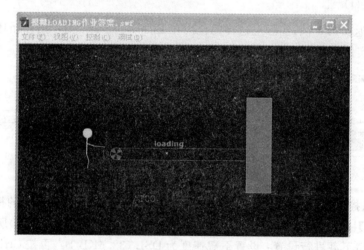

图 6-16　作业的运行效果

思考:请大家对习题的结果进行讨论。讨论的主题为"_framesload 属性是否能正确显示预载的进度"。

(2) 以"精确 loading 的制作"实例作为参考,发挥自己的想象,将电池充电的效果修改成自己想要的 loading 效果。

第7章 关于影片剪辑的基本控制

本章学习指引：

- 了解关于影片剪辑的控制；
- 掌握关于影片剪辑控制典型实例的制作步骤；
- 掌握影片剪辑的事件；
- 掌握 Flash 的坐标系；
- 掌握常用的影片剪辑操作函数。

Flash 的元件中包含了影片剪辑、图形元件、按钮元件，使用代码进行控制的只有按钮和影片剪辑。影片剪辑是 Flash 中最重要的一种元件，是真正的 Flash 的精髓，对影片剪辑的控制是 ActionScript 的最重要功能之一，是系统、科学设计用户界面的关键，是 Flash 引入面向对象的具体体现。Flash 的许多复杂动画效果和交互功能都与影片剪辑的运用密不可分。要想使得自己的 Flash 水平提升一个台阶，必须要学会使用影片剪辑，学会使用代码控制影片剪辑。对影片剪辑的控制主要体现在对影片剪辑的引用，对影片剪辑属性的控制、对影片剪辑方法的应用、对影片剪辑事件的编程。

制作完成的影片剪辑一般都会在库中，但是在使用时，需要将影片剪辑拖曳到舞台中，而将影片剪辑从库中拖曳到舞台中时，习惯上把舞台上影片剪辑副本，称为该影片剪辑的实例，而不再把它称为影片剪辑，这是面向对象编程思想的一种体现。为了降低初学者的学习难度，本书如没有特别说明，一般也把影片剪辑实例当作影片剪辑来看待。

7.1 影片剪辑实例的引用

在了解影片剪辑的属性之前，先清楚如何在 Flash 中引用影片剪辑，可以分为下面的情况：

- 直接通过影片剪辑实例名称。例如，影片剪辑的实例名称是 mc，可以直接在代码中输入 mc 实现对影片剪辑实例的引用。
- 如果该影片剪辑实例位于场景舞台上，还可以通过_root.影片剪辑实例名称实现对影片剪辑实例的引用。
- 如果是在某个影片剪辑的事件里写代码控制影片剪辑实例，可以用 this 指代词进行引用。
- 如果影片剪辑实例是动态创建的，或通过 duplicateMoiveClip() 等类似的函数复制出来的。可以使用_root["影片剪辑实例名称的字符串"]实现对影片剪辑的引用。

例如，有 roll0～rool99 共 100 个影片剪辑实例在舞台上，可以使用下面的语句来控制它们：

```
for (var i = 0; i < 100; i++)
{
    _root["roll" + i].stop();
}
```

- 如果要引用上一级的影片剪辑实例，可以使用关键字_parent.影片剪辑实例名称。所以，如果一个影片剪辑是包含在主时间轴中，在影片剪辑中使用_parent 和_root 的效果是一样的。如果影片剪辑与主时间轴相差两个层级，即当影片剪辑包含在另一个位于主时间轴中的影片剪辑中，这时在该影片剪辑中使用_parent.影片剪辑实例名称指代上一级的影片剪辑，而_root 是指上两级的主时间轴。在主时间轴中不能使用_parent，因为主时间轴没有上一级。

7.2 影片剪辑实例的属性

下面简单介绍影片剪辑的属性。例如，影片剪辑有自己的 X、Y 轴坐标，有自己的透明度(_alpha)，这些都是它的属性。使用点语法可以引用影片剪辑实例的属性，引用成功后就可以获取或者设置影片剪辑的属性。

例如：

```
mc._x += 5;
```

将 mc 右移 5 个像素。

```
this._alpha = random(100)
```

设置影片剪辑的透明度，random 函数是随机选取一个 100 以内的数字作为它的透明度。

从这个句子可以看出，"点"语法使用方法如下：

影片剪辑实例名.属性(mc._alpha)

甚至可以简单理解为"点"就是"的"。

名称属性，一般不需要在代码中控制，但是如果用代码控制某个影片剪辑实例，就必须为该影片剪辑实例取名字，只有影片剪辑实例具备了名称属性，才可以使用代码，按照下面的语法控制该影片剪辑实例的属性。

影片剪辑实例名称.属性名称

需要特别说明的是，这里指的是影片剪辑实例的名称，并不是库中看到的影片剪辑的名称。它们可以相同，也可以不相同。如果在场景中创建了同样的影片剪辑的多个实例，那么就需要将每个实例以不同的名称命名，才能对每一个实例进行控制。如果不需要对影片剪辑进行控制，也就不需要为影片剪辑的实例命名。如图 7-1 所示，mc 便是影片剪辑实例

图 7-1 影片剪辑实例名称

的名称,为了叙述方便,下面用到的 mc 都是影片剪辑的名称。

第 6 章所讲过的关于帧的大部分属性,都可以应用到影片剪辑中,所以影片剪辑还具备如下的只读属性:

_currentframe:使用影片剪辑实例的名称调用,返回的是相关的影片剪辑实例的当前帧。例如,mc._currentframe 返回的是影片剪辑实例 mc 的当前帧。

_totalframes:只读属性,使用影片剪辑实例的名称调用,返回的是相关的影片剪辑实例的帧的总数。例如,mc._totalframes 返回的是影片剪辑 mc 的总帧数。

_framesloaded:用来获取影片剪辑实例中的已经下载的帧数,此属性只能用来获取,在编程中将不允许对 _framesloaded 属性进行赋值。

除了上述的属性之外,影片剪辑实例还具备一些常用的属性,下面的属性都是可以读写的:

_x:影片剪辑在舞台上的横坐标位置。

_y:影片剪辑在舞台上的纵坐标位置。

例如:

```
mc._x = 120
mc._y = 240
```

将影片剪辑 mc 的横坐标设置为 120,纵坐标设置为 240。影片剪辑作为一个几何图形,是个二维的平面图形,坐标到底指的是哪个点,是由影片剪辑中的"+"号所在的位置决定的。如图 7-2 所示,影片剪辑的坐标点位于影片剪辑的左上方。

例如,mc._x=mc._x+120 将影片剪辑 mc 向右移动 120 个像素。mc._y= mc._y +240 将影片剪辑 mc 向下移动 240 个像素。

如果上面两句语句同时写的话,影片剪辑将沿着有一定斜率的直线运行。具体关于 Flash 的坐标轴如图 7-2 所示。

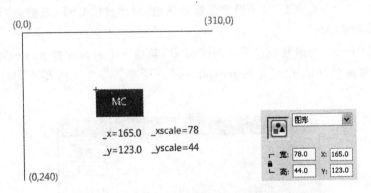

图 7-2 Flash 的舞台坐标系以及影片剪辑实例的一般属性

_xscale:影片剪辑的宽度。

_yscale:影片剪辑的高度。

例如:

```
mc._xscale = mc._xscale * 0.5
mc._yscale = mc._yscale * 0.5
```

将影片剪辑 mc 缩小 0.5 倍,为了保证影片剪辑画面不失真,一般_xscale 和_yscale 要同时发生改变。具体的影片剪辑的大小见图 7-2。

_rotation:影片剪辑的旋转角度,角度增大,影片剪辑将顺时针旋转;角度减小,影片剪辑将逆时针旋转。

例如:

```
mc._rotation = mc._rotation + 240        //顺时针旋转 240 度
mc._rotation = mc._rotation - 120        //逆时针旋转 120 度
```

上述两句代码可以实现同样的效果。前面的章节,读者已经知道元件的旋转中心是元件上的圆点(几何中心点),如图 7-3 所示。

_visible:影片剪辑实例是否可见,当值为 true 时表示可见;当值为 false 时表示不可见。

_alpha:影片剪辑实例的透明度,最大值为 100,最小值是 0。

例如,mc._alpha=100,则元件 mc 完全不透明;mc._alpha=0,则元件 mc 完全透明。

实例 7-1　控制影片基本属性。

【实例目的】　掌握控制影片剪辑实例的属性。

【实例重点】　掌握通过键盘控制影片剪辑实例的属性。

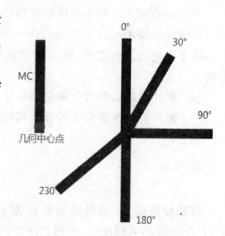

图 7-3　影片剪辑实例的角度控制

【实例步骤】

1) 准备工作

(1) 打开 Flash,执行【文件】|【新建】命令,新建一个影片文档,舞台大小设置为 450×300,背景色设置为♯00CCCC,其余设置保持默认值,并通过按 Ctrl+S 键,将该文件保存为"影片剪辑基本控制.fla"。

(2) 通过该 Flash 的库面板左下方的按钮 ,新建一个影片元件 plane,如图 7-4 所示。该影片剪辑非常简单,内容仅仅是从 pic\plane.jpg 中导入一个飞机照片,并适当地对它做去边的处理。

图 7-4　"创建新元件"对话框

(3) 在库中,首先从公用库中导入 4 个按钮,形状如图 7-5 所示。分别命名为"左转"、"右转"、"左移"、"右移"。除了这 4 个按钮之外,再制作 4 个按钮分别命名为"显示"、"隐藏"、"放大"、"缩小"。

(a) 库

(b) 舞台上的按钮

图 7-5 按钮库及制作后的效果

2）对按钮编程

（1）把库中 plane 影片剪辑拖曳到舞台上，并将其实例命名为 plane。

（2）对按钮"隐藏"输入如下的代码：

```
on(release)
{
    plane._visible = false
}
```

对按钮"显示"输入如下的代码：

```
on(release)
{
    plane._visible = true
}
```

上述的两行代码，通过控制影片剪辑的_visible 属性，实现对影片剪辑隐藏和显示的功能。

（3）对按钮"缩小"输入如下的代码：

```
on(release)
{
    plane._xscale = plane._xscale * (1 – 0.1)
    plane._yscale = plane._yscale * (1 – 0.1)
}
```

对按钮"放大"输入如下的代码：

```
on(release)
{
    plane._xscale = plane._xscale * (1 + 0.1)
    plane._yscale = plane._yscale * (1 + 0.1)
}
```

上述的 4 行代码,通过控制影片剪辑的_xscale 和_yscale 属性,实现对影片剪辑的放大和缩小的功能。上述代码以每次递增或递减 0.1 倍的方式缩放。

(4) 对按钮"左转"输入如下代码:

```
on(release)
{
    plane._rotation = plane._rotation - 10
}
```

对按钮"右转"输入如下代码:

```
on(release)
{
    plane._rotation = plane._rotation + 10
}
```

上述代码,通过控制影片剪辑的_rotation 属性,实现对影片剪辑的旋转功能,以每次改变 10°的方式旋转。度数减小将实现逆时针旋转,度数增加将实现顺时针旋转。

(5) 对按钮"左移"输入如下代码:

```
on(release)
{
    plane._x = plane._x - 10
}
on(keyPress "<Left>")
{
    plane._x = plane._x - 10
}
```

对按钮"右移"输入如下代码:

```
on(release)
{
    plane._x = plane._x + 10
}
on(keyPress "<Right>")
{
    plane._x = plane._x + 10
}
```

上述代码通过控制影片剪辑的_x 属性,实现对影片剪辑的左、右移动功能,_x 值增加将向右移动;反之,向左移动。上述代码除了对按钮的 release 事件进行编程外,还实现对 keyPress 事件的编程;除了单击按钮可以实现左、右移动之外,还可以通过小键盘上的左、右方向键实现影片剪辑的左、右移动。

(6) 执行【控制】|【测试影片】命令,观察动画效果,如果要导出 Flash 的播放文件,执行【文件】|【导出】|【导出影片】命令。按 Ctrl+Enter 键测试效果如图 7-6 所示。

【实例总结】

该实例的重点:掌握通过控制影片剪辑实例属性的方法,控制影片剪辑的一些外在表现,思考平时看到的 Flash 游戏,找到一些操作上的共同点。

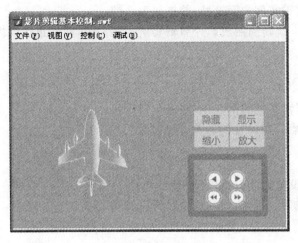

图 7-6　实例 7-1 的演示效果

7.3　影片剪辑实例控制的类和方法

从语法方面说，方法和属性有所不同，方法后面一定要有括号，这也是面向对象的语法，在括号中可以写参数，如果有的方法不需要参数，则括号中什么都不写，但是括号不能省略。下面是常用的影片剪辑对象的方法：

getBytesLoaded()：用来获取影片剪辑实例的已下载字节数，如果是外部动画将返回动画的总字节数。

stop()：停止当前正在播放的影片剪辑实例。

例如：

```
mc.stop()
```

意思是停止影片剪辑 mc 的播放。

nextFrame()：播放影片剪辑实例的下一帧。

例如：

```
mc.nextFrame()
```

意思是播放影片剪辑实例 mc 的下一帧。

prevFrame()：播放影片剪辑实例的上一帧。

例如：

```
mc. prevFrame ()
```

意思是播放影片剪辑实例 mc 的上一帧。

gotoAndPlay()：跳转到播放影片剪辑实例的某一帧，并从该帧开始播放。

例如：

```
mc. gotoAndPlay (2)
```

意思是跳转到影片剪辑实例的第 2 帧,并播放第 2 帧。

gotoAndStop():跳转到播放影片剪辑实例的某一帧,并停止在该帧。

例如:

```
mc. gotoAndStop (3)
```

意思是跳转到影片剪辑实例的第 3 帧,并停止在该帧。

play():意思是影片剪辑实例从头开始播放。

```
mc.play()
```

Color 类:可以设置影片剪辑的 RGB 颜色值和颜色转换。必须在使用构造函数 new Color 创建 Color 对象后才能调用其方法;为影片剪辑实例 mc 创建一个 Color 对象。然后,可使用该 Color 对象的方法更改整个目标影片剪辑实例的颜色。

例如:

```
var my_color:Color = new Color(mc);
my_color.setRGB(0xff9933);
```

意思是为影片剪辑 mc 创建一个名为 my_color 的 Color 对象,并将其 RGB 值设置为橙色,则影片剪辑实例 mc 的颜色就被改为了橙色。

实例 7-2 带随机颜色的气球。

【实例目的】 舞台上随机布置三个影片剪辑实例的气球。

【实例重点】 掌握如何使用 Color 类对象对影片剪辑着色,如何使用 Math 类的 Random 函数随机设置颜色。

【实例步骤】

(1) 打开 Flash,执行【文件】|【新建】命令,新建一个影片文档,舞台大小设置为 450×300,背景色设置为"♯00CCCC",其余设置保持默认值,并通过按 Ctrl+S 键,将该文件保存为"随机颜色的气球.fla"。

(2) 通过该 Flash 的库面板左下方的按钮 ，新建一个影片剪辑元件"气球",在该影片剪辑的舞台上绘制一个如图 7-7(a)所示的气球。

(3) 切换到主场景舞台,在库中,把刚刚建好的"气球"影片剪辑拖到舞台上,重复 5 次该动作,在舞台上放置 5 个影片剪辑,如图 7-7(b)所示。

  (a)"气球"元件   (b)复制后的元件

图 7-7　气球和主场景舞台

(4) 分别对舞台上的 5 个"气球"影片剪辑的实例,进行命名。名称分别是 ball1、ball2、ball3、ball4、ball5。

(5) 在【图层 1】的上方,插入一个新图层,并将其命名为 as,在其中输入如图 7-8 所示的代码。

上述的代码,主体是一个循环结构,因为舞台上共有 5 个气球,所以循环变量 i 初值和终值分别是 1~5,因为在给实例命名的时候是有规律的,所以可以通过_root["ball"+i]这个语句,获取到舞台上相关实例的控制。第 4 和第 5 行的意思是通过随机数,将相应的气球放到舞台上随机的位置,但是不能超过舞台的宽度和高度。第 6 和第 7 行则是实现了气球

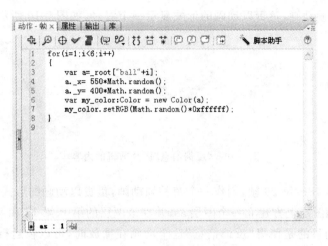

图 7-8 该实例的代码

元件的随机设定颜色。

(6) 执行【控制】|【测试影片】命令,观察动画效果,如果要导出 Flash 的播放文件,执行【文件】|【导出】|【导出影片】命令。按 Ctrl＋Enter 键,测试效果如图 7-9 所示。

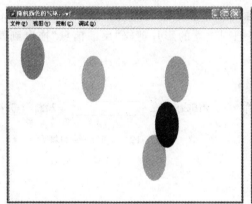 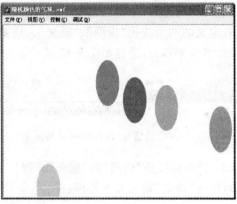

图 7-9 实例 7-2 的随机演示效果

实例 7-3 控制影片剪辑的播放与停止。

【实例目的】 掌握如何控制影片剪辑的播放与停止。

【实例重点】 掌握如何使用 Flash 制作填空题。

【实例步骤】

1) 准备工作

(1) 打开 Flash,执行【文件】|【新建】命令,新建一个影片文档,舞台大小设置为 550×400,其余设置保持默认值,并通过按 Ctrl＋S 键,将该文件保存为"影片剪辑的播放与停止.fla"。

(2) 通过该 Flash 的库面板左下方的按钮，新建一个按钮元件"反馈信息"。

2) 制作反馈信息影片剪辑

(1) 在影片剪辑"反馈信息"中,插入一个图层【动画】,保持第一帧空白,从第 2～第 17

帧,制作一个帧并帧动画,负责以动画的形式显示一个对号,如图 7-10 所示。

图 7-10　"反馈信息"影片剪辑的内容

(2) 同理在第 18～第 29 帧,制作一个帧并帧动画,负责以动画的形式显示一个错号。

(3) 在【动画】图层上方建立一个图层 as,并在该图层的第 1、第 17 和第 29 帧,输入代码 stop()。这样做的目的是使得"反馈信息"这个动画在播放时,可以在运行到上述帧的时候停止播放,然后由程序控制,从第 2 帧开始播放"对号"动画,从第 18 帧开始播放"错号"动画。

(4) 该影片剪辑的图层结构如图 7-11 所示。

3) 制作主场景动画

(1) 制作"反馈信息"影片剪辑后,切换至主时间轴上,在【图层一】的第 1 帧,插入一个静态文本框,内容为"中国的首都是：",接着插入一个显示边框的输入文本框,名字为 ans,以及自定义的两个按钮"检测"、"重来"。还要把刚建立的影片剪辑"反馈信息"拖曳到舞台上,并命名为 fankui,位置如图 7-12 所示。

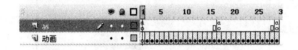

图 7-11　"反馈信息"的时间轴以及图层　　　　图 7-12　主时间轴的舞台

中国的首都是：□□□□　　检测　重来

(2) 分别对按钮"检测"和"重来"编程。

对按钮"检测"输入如下程序：

```
on(release)
{

if(ans.text == "北京")
    fankui.gotoAndPlay(2)
else
    fankui.gotoAndPlay(18)
}
```

对按钮"重来"输入如下代码：

```
on(release)
{
    fankui.gotoAndStop(1)
    ans.text = ""
    ans.focus()
}
```

在上述代码中,fankui. gotoAndPlay(2)、fankui. gotoAndPlay(18)、fankui. gotoAndStop(1)三行语句控制 fankui 影片剪辑的播放,实现当回答错误时显示错号,回答正确时显示对号。

(3) 执行【控制】|【测试影片】命令,观察动画效果,如果要导出 Flash 的播放文件,执行【文件】|【导出】|【导出影片】命令。按 Ctrl＋Enter 键测试效果如图 7-13 所示。

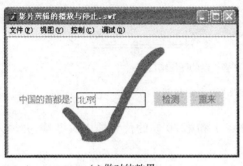
(a) 做对的效果

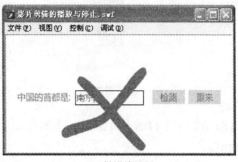
(b) 做错的效果

图 7-13　实例 7-3 的演示效果

【实例总结】

该实例的重点:掌握这种将多个任务放置在一个影片剪辑中,然后通过对不同帧的跳转实现不同的功能的 Flash 制作技巧。

实例 7-4　飞机发射子弹。

【实例目的】　掌握控制影片剪辑嵌套的影片剪辑的播放。

【实例重点】　掌握不在一个层级的影片剪辑实例的引用。

【实例步骤】

1) 准备工作

(1) 执行菜单【文件】|【新建】命令新建一个 Flash 文件,执行【文件】|【保存】命令将该文件保存为"飞机发射子弹. fla"。

(2) 在舞台的空白处右击,在快显菜单中执行【文档属性】命令,将舞台设置为宽 550 像素、高 400 像素,【背景颜色】为蓝色。

(3) 执行菜单【文件】|【导入到库】命令,将 pic/plane. jpg 导入到库。

(4) 将该位图拖曳到舞台上,如图 7-14(a)所示,首先执行【修改】|【分离】命令,然后通过工具栏的套索工具 下的魔术棒 工具,对它执行去背景操作并将其旋转,最后转换为图形元件"飞机",如图 7-14(b)所示。

2) 制作"发射子弹"影片剪辑

(1) 在库中新建一个影片剪辑"子弹飞",在舞台上用椭圆形工具 ,画一个直径 13.5 的实心黑色正圆作为子弹,并将其转换为"子弹"图形元件。

(2) 把"子弹"图形元件拖曳到【图层 1】,制作一个从第 1～第 20 帧的动作补间动画,实现子弹从下往上的直线运动,图层结构和内容如

(a) 素材处理前效果　(b) 素材处理后效果

图 7-14　素材处理前后的效果

图 7-15 所示。

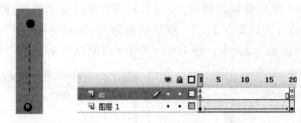

(a) 子弹运动轨迹　　　　(b) 子弹运动的图层结构

图 7-15　影片剪辑"子弹飞"的内容和图层结构

(3) 在【图层 1】的上方添加一个图层 as,在第 1 和第 20 帧的位置插入关键帧,并输入代码 stop()。

(4) 通过该 Flash 的库面板左下方的按钮 🔲,新建一个影片剪辑元件"发射子弹"。

(5) 在"发射子弹"影片剪辑的【图层 1】中,将"飞机"元件拖曳到舞台上,并在第 20 帧处插入帧。

(6) 在【图层 1】上方建立一个图层【子弹飞】,并锁定【图层 1】。把刚建立的"子弹飞"影片剪辑拖曳到"子弹飞"图层,并在第 20 帧处插入帧,如图 7-16(a)所示。

单击"子弹飞"影片剪辑,将它在舞台上的实例命名为 fly,如图 7-16(b)所示。

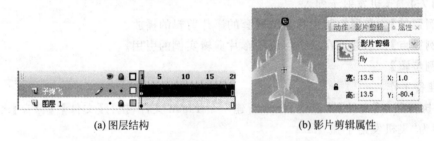

(a) 图层结构　　　　　　(b) 影片剪辑属性

图 7-16　影片剪辑"子弹飞"的内容和图层结构

(7) 将场景切换到主时间轴,把影片剪辑"发射子弹"拖曳到舞台上,并为命名为 plane。到目前为止影片剪辑的结构可以这样描述,主时间轴有个影片剪辑叫 plane,而 plane 影片剪辑中还有个影片剪辑叫 fly。

3) 实现对影片剪辑的控制

(1) 在主场景上添加一个图层,命名为 as,在其中输入下面的代码:

```
plane.fly._visible = false
```

将影片剪辑"plane"中的影片剪辑"fly"隐藏。

(2) 在主场景上添加一个按钮,按钮文字可以输入"发子弹",并将按钮在舞台上的实例名称命名为 btn,如图 7-17 所示。

(3) 对按钮进行编程,右单击按钮,在随后的动作面板中输入如下代码:

```
on(keyPress "< Space >")
{
```

```
plane.fly._visible = true
plane.fly.gotoAndPlay(2)
}
```

图 7-17　按钮"发子弹"

该代码的意思,是当在键盘上按 Space 键(空格键)时,会触发其中的代码。函数里的两行代码意思是,显示影片剪辑"子弹飞",并让这个影片剪辑从第 2 帧开始播放,而从第 2 帧开始播放的过程就是子弹从下向上直线运动的过程。这样就实现了通过键盘的空格控制飞机中子弹的发射。

(4) 执行【控制】|【测试影片】命令,观察动画效果,如果要导出 Flash 的播放文件,执行【文件】|【导出】|【导出影片】命令。按 Ctrl+Enter 键,测试效果如图 7-18 所示。

(a) 实例运行初始画面　　　　　　　　　　　(b) 发射"子弹"画面

图 7-18　实例 7-4 的演示效果

如图 7-18(a)所示的画面是实例运行后的画面,当在按空格键时,如图 7-18(b)所示的画面显示的子弹从飞机头部发射出来的效果。

【实例总结】

该实例的重点:掌握影片剪辑在嵌套很多时,对它们进行控制,了解 Flash 层级的概念,主时间轴的层级是最高的。

7.4　影片剪辑控制的事件

影片剪辑关于事件概念的提出,也正是 Flash 朝着面向对象发展的一个重要特征。将一个影片剪辑放到舞台中时,它就成了一个"事件发射器",不断地报告自己的运行状态,如果捕获了这样的事件,就可以做出相应的反应和处理。

7.4.1　对影片剪辑事件编程的方法

Flash 提供了两种常用的方法对影片剪辑的事件进行编程。

1.把代码写在时间轴上

要使用该种方法,首先为舞台上的影片剪辑实例起一个名字,选中影片剪辑实例,然后在如图 7-19 所示的属性面板中,完成起名,如起名为 mc。

再选中时间轴的第 1 帧,右键打开快显菜单,选择【动作】命令,在弹出的动作面板中输入以下脚本:

图 7-19　给影片剪辑实例命名

```
mc. onEnterFrame = function()
{
    this._x += 5;    //也可以把这句改为 mc._x += 5
}
```

上述代码的意思是,当影片剪辑每隔一个帧频的时间间隔,将执行一次 this._x += 5。这句代码的意思是使得影片剪辑在舞台上横坐标增大 5,即在舞台上向右移动 5 个像素。

影片剪辑事件在时间轴上的写法可以概括如下:

```
影片剪辑实例名称.事件名称 = function()
{
    //脚本程序
}
```

需要注意的是,这种写法的事件名称必须在前面加一个 on,然后事件名称第一个字母变为大写。例如,影片剪辑事件如果是 enterFrame,就应该写成 onEnterFrame。如果这种写法省略影片剪辑实例名称,就变成下面的写法:

```
事件名称 = function()
{
    //脚本程序
}
```

这样的写法,代表事件的主体不再是一个具体的影片剪辑实例而是整个舞台,或可以把整个舞台抽象为一个影片剪辑实例。

2.把代码写到影片剪辑中

这种写代码的方法不需要事先为影片剪辑的实例命名,可以直接右击舞台上的影片剪辑实例,然后在快显菜单中选择【动作】命令,在弹出的动作面板中输入以下脚本:

```
EonClipEvent(事件名称)
{
    this._x += 5;
}
```

在影片剪辑上的写法可以概括为以下公式:

```
onClipEvent(事件名称)
{
    //脚本程序
}
```

需要注意的是,这种写法必须先写 onClipEvent。

对于上面两种写法,如需在事件中对该影片剪辑进行控制,可以使用 this 指代词代替对当前影片剪辑实例的引用,如用影片剪辑实例的名称引用它,还需要加上_root.。

第 2 种方法用起来简洁直观,但是它的缺点是交互性不足。这种方法建立起来的事件处理代码是"固定"的,不能在程序运行的过程中动态更改。如果希望这个影片剪辑在影片播放到第 10 帧的时候使用某一段代码来处理 mouseDown 事件,当影片播放到第 20 帧时,又需要另外一段代码来处理 mouseDown 事件。这种情况,第 2 种方法就不能处理了。这样的应用可以通过一个直观的例子解释,电视机的遥控器上很多按钮都是"多模态"的,也就是说,这些按钮在不同的状态下功能是不同的。调节声音的按钮在正常状态下是用来提高和减小音量的,但是如果进入了颜色设置模式时,按同样的按钮调节的不再是音量而是颜色。

仍然举上面的例子,如果使用第 1 种方法

```
mc.onMouseDown = function() { }
```

就可以实现对事件处理代码的动态切换了。影片中可以多次使用这种方法,只要每次后面 function 函数的内容不同就可以实现事件处理层面的动态调整了。需要注意,使用这种方法定义事件处理代码是,影片剪辑实例必须出现在场景中,当它从场景中消失后,事件处理代码将会自动删除,如果要再次使用,必须重新指定。

通常在编写比较复杂的程序时,都倾向于使用事件处理函数来为场景中的对象设置事件处理代码,因为这样可以通过一条事件线,将绝大多数代码串起来,便于代码的维护和调试;否则,代码分散在各个对象内部,显得代码比较混乱,出了问题也不容易找出错误所在。

从 Flash 的发展方向来看,Adobe 公司推荐大家使用第一种方法。

7.4.2　对影片剪辑事件的介绍

影片剪辑事件有多种,下面分别加以介绍。

1. load 事件

这个事件在影片剪辑加载时发生。在舞台中添加了一个影片剪辑 mc,并让它在第 10 帧时出现影片中,那么第 10 帧时它就会触发这个事件。要想处理这个事件可以通过 7.4.1 节介绍的方法,在动作面板中输入下面的代码(通常用来对影片剪辑进行初始化,如变量的定义、赋值、加载 as 文件)。

```
onClipEvent(load)
{
    脚本
}
```

或

```
mc.onLoad = function()
{
    脚本
}
```

2. unload 事件

该事件与 load 事件相反,当影片剪辑实例被卸载准备消失之前触发该事件。它的语法如下:

```
onClipEvent(unload)
{
    脚本
}
```

或

```
mc.onUnload = function()
{
    脚本
}
```

3. enterFrame 事件

当影片剪辑每次计算帧上的内容时触发该事件。可以这样理解,在影片剪辑的时间轴上每隔一个帧频(1/12 秒)就触发一次这个事件,所以这个事件会随着影片的播放而不断发生,影片每前进一帧,影片剪辑就会触发一次 enterFrame 事件。正是基于这点,在影片剪辑事件中,enterFrame 事件应该是最常用的,因为它可以用来制作相当复杂的动画。例如,要制作一个炸弹从空中不断翻滚落下的动画可以按照这样的步骤来执行:首先建立一个影片剪辑作为炸弹,将其拖曳到场景中建立影片剪辑实例,让这个实例捕捉 enterFrame 事件,并为其设计如下代码:

```
onClipEvent(enterFrame)
{
    this._Roation += 10;
    this._y += 10;
}
```

这段代码的意思就是,每隔一帧将影片剪辑(this)顺时针旋转 $10°$,同时沿纵向移动 10 个单位。this._Rotation+=10 和 this._Rotation=this._Rotation+10 是等效的。

4. mouseMove 事件、mouseDown 事件、mouseUp 事件

这三个事件是当鼠标移动的时候发生,但是要特别注意,不论鼠标在场景的什么位置(而不一定要在影片剪辑上方),这个事件都会发生。鼠标每动一下,mouseMove 事件都会发生一次。

例如,制作一个类似"泡泡龙"的游戏,屏幕下方有一门大炮,当鼠标移动时,炮口会始终

指向鼠标的方向。这种效果可以用 onClipEvent(mouseMove)来实现。

实例 7-5 飞机发射子弹续。

【实例目的】 掌握如何控制通过鼠标控制影片剪辑,在实例 7-4 的基础上增加如下的功能:通过鼠标的控制可以引导飞机的转向。

【实例重点】 掌握实例的数学函数以及动画原理。

【实例步骤】

1) 准备工作

(1) 执行菜单【文件】|【打开】命令打开一个 Flash 文件"fla\第 7 章\飞机发射子弹.fla",执行【文件】|【保存】命令,将该文件保存为"飞机发射子弹 2.fla"。

(2) 在该 Flash 的 as 图层中,右击显示动作面板,在其中追加如下的代码:

```
plane.onMouseMove = function()
{
    var_angle = ((this._x - _root._xmouse)/(this._y - _root._ymouse));
    var_angle = Math.atan(var_angle);
    var_angle = var_angle * 180/Math.PI;
    this._rotation = - var_angle;
}
```

这段代码用到了多个 Flash 提供的数学函数,它们都在 Math 对象内部,因此使用方便。首先,用当前影片剪辑的横向和纵向坐标减去鼠标的横向和纵向坐标;然后计算及其夹角的正弦值;接着将这个值用反正切函数换算成角度(Math.atan),注意结果是弧度数,需要再转换成常用的角度;最后在将其复制给影片剪辑的_rotation 参数,实现飞机随着鼠标指针运动而旋转的效果。

(3) 执行【控制】|【测试影片】命令,观察动画效果,如果要导出 Flash 的播放文件,执行【文件】|【导出】|【导出影片】命令。按 Ctrl+Enter 键,测试效果如图 7-20 所示。

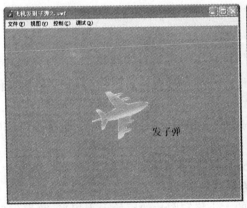

(a) 鼠标控制飞机右转   (b) 鼠标控制飞机左转

图 7-20 实例的演示效果

5. keyDown 和 KeyUp 事件

这两个事件都是用来捕获键盘的按键事件。不过,需要特别强调的是,将它们结合起来使用可以捕捉用户按下的组合键(如 Ctrl+A 键),比只能够捕捉单个按键动作的 Keypress 要强大得多。如果需要捕捉用户按 Ctrl+F 键的操作可以使用这样的代码:

```
onClipEvent(keyUp)
{
    if (Key.isDown(Key.CONTROL) && Key.isDown(70))
    {
        //执行相应的操作
    }
}
```

这段代码中使用了内置对象 Key,这个对象对于按键的处理非常有用。IsDown 方法用来监测某个键是否已经按下,这个函数的参数可以是键值(如 70 对应 F 键,具体可以参考本书附录的 ASCII 码表),也可以使用 Key 对象内置的键名称,如 Key. CONTROL 就是指 Ctrl 键。将这两个键是否按下的结果进行逻辑与运算(&&)就可以知道 Ctrl 键和 F 键是否同时按下。

6. data 事件

如果某个影片剪辑实例进行了数据加载的操作,那么 data 事件会在数据加载完成时发生。例如,在某个按钮的 on(press)事件处理中加入了代码执行变量加载操作,并将代码加载函数 loadVariables 的目标参数设置为某个影片剪辑。然后再为这个影片剪辑添加 OnClipEvent(data)事件。当参数加载完毕之后,影片剪辑就会收到一个 OnClipEvent (data)事件。

前面介绍了很多事件,但事实上 ActionScript 提供的事件还有很多。除了键盘事件、鼠标事件等非常直观的事件之外,还有一些比较"抽象"的事件。例如,一段声音播放完成后会产生一个事件,当用户调整播放器的窗口大小时也会产生一个事件。捕获并处理这些事件可以进一步提升 Flash 影片的互动性能。

实例 7-6　自适应大小的图片。

【实例目的】　掌握影片剪辑的 load 事件。

【实例步骤】

(1) 执行【文件】|【新建】命令新建一个 Flash 文件,按【文件】|【保存】命令,将该文件保存为"自适应大小. fla"。

(2) 在舞台的空白处右击,在快显菜单中选择【文档属性】命令,将舞台设置为宽 550 像素、高 400 像素,【背景颜色】为白色。

(3) 执行【文件】|【导入到舞台】命令,把 pic\pic1.jpg 导入到舞台。

(4) 选中该图片,按 F8 键将该图片转换为影片剪辑。

(5) 查看该影片剪辑的属性可知,该元件的大小将和图片的原始大小相当,宽为 816,高为 612。

(6) 使用第 1 种方法为影片剪辑写事件代码。右击舞台上的影片剪辑,在快显动作中选择【动作】命令,打开动作面板。

在动作面板中,首先输入 onClipEvent,如同对按钮写代码必须使用 on 作为前缀一样,对影片剪辑写事件必须先写 onClipEvent,然后动作面板中会弹出如图 7-21 所示的下拉菜单。

图 7-21 实例 7-6"自适应大小的图片"的动作面板

在上述的下拉菜单中,列出了所有可能需要用到的具体事件名称和该实例需要用到 load 事件,所以选中下拉列表的 load 事件,开始对该影片剪辑的 load 事件进行编程。

```
onClipEvent(load)
{
    this._xscale = 100
    this._yscale = 100
    this._x = 50
    this._y = 20
    this._alpha = 50
    this._rotation = 20
}
```

上述代码的意思是使得影片剪辑被加载到舞台上之前,会自动修改自己的 alpha、rotaion 属性。this 指代的就是代码所在的影片剪辑本身。

(7) 执行【控制】|【测试影片】命令,观察动画效果如图 7-22 所示。如果要导出 Flash 的播放文件,执行【文件】|【导出】|【导出影片】命令。

图 7-22 实例 7-6"自适应大小的图片"演示效果

【实例总结】

该实例的重点:使读者通过实例的学习掌握对影片剪辑的事件进行编程,对影片剪辑事件的编程有两种方法,本实例主要讲述的是直接对影片剪辑写代码的方法。这种写方法要求所有的代码必须写在 onClipEvent(事件){}这种语法结构内。在这种语法结构内部,如果需要控制影片剪辑,可以使用指代词 this。

实例 7-7　认识影片剪辑的各种事件。

【实例目的】　掌握影片剪辑的各种事件。

【实例步骤】

(1) 执行【文件】|【打开】命令,打开"fla\第 7 章\认识影片剪辑事件.fla"文件。

(2) 将库中的影片剪辑"小鱼动画",拖曳到舞台,如图 7-23 所示。

(3) 插入一个图层【动态文本框】,在该图层上,插入两个动态文本框,如图 7-23 所示。分别设置两个动态文本框的名称为 action1 和 action2。

(4) 右击舞台上的"小鱼动画"影片剪辑,在快显菜单中选择【动作】命令,打开动作面板,在其中输入如下代码:

```
onClipEvent (load)
{
    _root.action1.text = "Load";
}
onClipEvent (enterFrame)
{
    _root.action1.text = "EnterFrame:" + this._currentframe;
}
onClipEvent (mouseDown)
{
    _root.action2.text = "Mouse Down";
}
onClipEvent (mouseUp)
{
    _root.action2.text = "Mouse Up";
}
onClipEvent (mouseMove)
{
    _root.action2.text = "Mouse Move";
}
onClipEvent (keyDown)
{
    _root.action2.text = "Key Down";
}
onClipEvent (keyUp)
{
    _root.action2.text = "Key Up";
}
```

图 7-23　实例 7-7"认识影片剪辑事件"的舞台内容

上述这些代码,基本涵盖了一个影片剪辑经常会使用的一些事件。这些代码符合对影片剪辑写程序的第二种方法的格式。

（5）执行【控制】|【测试影片】命令，观察动画效果如图 7-24 所示。如果要导出 Flash 的播放文件，执行【文件】|【导出】|【导出影片】命令。

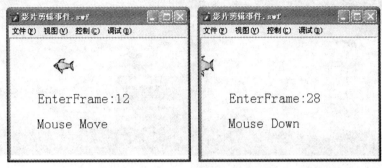

(a) 鼠标划过影片剪辑   (b) 鼠标在影片剪辑上按下

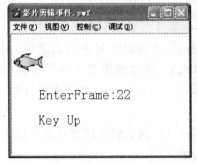

(c) 在影片剪辑上抬起某键   (d) 在影片剪辑上按下某键

图 7-24 实例 7-7"认识影片剪辑事件"的运行效果

当实例运行时，EnterFrame 后面的数值不断地在变化，这是因为 Flash 每隔帧频的时间间隔就会运行一次。下面的动态文本框是存放捕获到的键盘或鼠标事件的。读者可以尝试，鼠标的操作和敲击键盘的操作。

【实例总结】

该实例的重点：通过实例的学习掌握对影片剪辑的事件进行编程，了解影片剪辑都有哪些比较常用的事件。

7.5 朦胧遮罩的设计

在浏览网页时，经常会碰到如图 7-25 所示的 Flash 画面。

这些 Flash 画面，看上去有一个共同的特点，那就是整个画面的四周都有种朦胧感，这种朦胧感被广泛用于对图片的渲染，促使整个画面看上去凝重、大气，这样的手法也经常用于风景、汽车、品牌的 Flash 广告宣传中。本书把这种效果称为朦胧遮罩，因为看上去的这种朦胧效果，是基于遮罩的原理实现的，但是传统的遮罩制作方法，又很难实现它，因为这需要用到关于影片剪辑的一个操作函数——setMask()。

下面简单的介绍这个函数：

函数名：setMask()。

图 7-25　朦胧遮罩的运行效果

语法格式：影片剪辑实例 A 名称.setMask(影片剪辑实例 B 名称)。

语义解析：使影片剪辑实例 B 成为展示调用影片剪辑实例 A 的遮罩层。setMask 方法允许具有复杂、多层内容的多帧影片剪辑充当遮罩(通过使用第 3 章所讲述的简单遮罩动画,是无法实现这些功能的)。在使用 setMask() 进行遮罩动画的脚本设计时,还需注意以下几点：

- 如果在使用遮罩的影片剪辑中具有设备字体,则它们可以进行绘制但不能被遮罩;
- 不能将影片剪辑设置为它自己的遮罩,如 my_mc.setMask(my_mc);
- 若要取消用 ActionScript 创建的遮罩,通过 setMask(null) 代码可以取消遮罩而不影响时间轴中的遮罩层,如"my_mc.setMask(null);"。

下面通过一个实例介绍这个方法的操作。

实例 7-8　朦胧遮罩 1。

【实例目的】　掌握如何通过 setMask 函数制作朦胧遮罩。

【实例难点】　通过模糊滤镜制作带有模糊效果的遮罩块。

【实例步骤】

(1) 执行【文件】|【新建】命令新建一个 Flash 文件,执行【文件】|【保存】命令,将该文件保存为"朦胧遮罩.fla"。

(2) 在舞台的空白处右击,在快显菜单中选择【文档属性】命令,在弹出的文档属性对话框中,将舞台设置为宽 550 像素、高 400 像素,【背景颜色】为黑色。

(3) 通过库共享的方法,将"fla\素材.fla"库中的"风景 1"元件,导入到"朦胧遮罩.fla"中。

(4) 执行【插入】|【新建元件】命令,创建名称为"图片 1"的"影片剪辑"元件,如图 7-26 所示。

图 7-26　创建"图片 1"影片剪辑

（5）在"图片1"影片剪辑元件的第1帧上从库中把"风景1"拖曳到舞台上，利用【对齐面板】，对元件进行水平、垂直居中，使图片居中舞台，如图7-27所示。

（6）执行【插入】|【新建元件】，创建名称为"矩形"的影片剪辑元件，如图7-28所示。

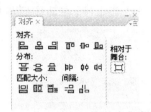

图7-27　创建"图片1"影片剪辑　　　　图7-28　创建"矩形"影片剪辑

（7）在"矩形"的影片剪辑舞台中，使用矩形工具 ▭ ，关闭笔触颜色，填充色任意，在场景中绘制一个【宽】为545、【高】为245的矩形。

（8）切换到主场景，将【图层1】重命名为【图形1】，把库中的"图片1"元件拖曳到舞台上，用对齐面板进行全居中，打开属性面板，如图7-29所示。

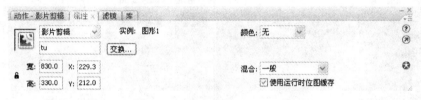

图7-29　影片剪辑"图片1"的属性

在实例名称文本框中输入tu，【混合】选【一般】，选中【使用运行时位图缓存】复选框。在第40和第50帧插入关键帧，并选中第50帧的图片，把透明度设为0%。在第40～第50帧之间创建补间动画。

（9）在图层【图形1】的上方，添加一个图层【矩形】，把库中的"矩形"元件拖曳到舞台上，用对齐面板设置全居中，打开属性面板并把影片剪辑实例的名称设置为mc。在第40帧插入关键帧，选中第40帧的舞台上的影片剪辑实例，执行【窗口】|【属性】|【滤镜】命令，打开滤镜面板，如图7-30(a)所示。单击【+】|【模糊】添加模糊滤镜，并把模糊的值设置为【模糊X】=150、【模糊Y】=150，【品质】设为【高】，"矩形"实例的效果如图7-30(b)所示。最后把矩形的透明度设为50%。

(a)滤镜面板　　　　　　　　　　　(b)遮罩效果

图7-30　滤镜面板

　　(10) 选中【矩形】图层的第 1 帧舞台上的影片剪辑实例,同样的操作设置模糊滤镜,【模糊 X】=100、【模糊 Y】=100,【品质】设为【高】,然后用任意变形工具 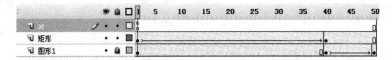,将矩形缩小,在第 1～第 40 帧之间创建补间动画。

　　(11) 在【矩形】图层上插入一个图层并重命名为 as,选中第 1 帧,在动作面板中输入脚本语句"tu. setMask(mc) ;"。

　　(12) 实例完成后的图层结构如图 7-31 所示。

图 7-31　实例的图层结构

　　(13) 执行【控制】|【测试影片】命令,观察动画效果如图 7-32 所示。如果要导出 Flash 的播放文件,执行【文件】|【导出】|【导出影片】命令。

(a) 遮照开始的效果　　　　　　　　　　(b) 最后遮照的效果

图 7-32　实例的演示效果图

【实例总结】

　　该实例的重点:通过实例的学习掌握制作带有模糊效果的遮罩,并且会使用 setMask 函数制作遮罩图层不能实现的动画。

7.6　startDrag 的 Flash 的设计

　　在很多的课件制作以及拼图游戏的 Flash 中,经常会用鼠标拖曳 Flash 舞台的元件来完成某些任务,从而很好的与读者进行互动。这种类似的拖动就是依靠 Flash 提供的 startDrag 函数实现的。下面介绍该函数:

　　函数名称:startDrag()。

　　函数语法:影片剪辑实例. startDrag()或 startDrag(影片剪辑实例)。

```
startDrag(影片剪辑实例,[lock]);
```

```
startDrag(影片剪辑实例,[lock],[left,top,right,down]);
```

功能解析：用来拖曳场景中的影片剪辑实例,执行该函数时,被执行的影片剪辑实例会跟着鼠标光标的位置移动。上面函数中的参数 lock,以布尔值(true,false)判断对象是否锁定鼠标光标中心点,当布尔值为 true 时,影片剪辑的中心点锁定鼠标光标的中心点。left、top、right、down 用来设置对象在场景上可拖拽的上下左右边界,当 lock 为 true 时,才能设置边界参数。

语句范例：

```
startDrag("mc");
```

开始拖曳 mc 对象。

```
startDrag(mc,true);
```

开始拖曳场景上 mc 对象,拖曳时对象的中心点自动锁定鼠标光标中心点。

一旦某个影片剪辑实例执行了该函数,则它会一致跟随着鼠标的位置移动,必须使用函数 stopDrag,才可脱离被拖动的状态。所以在掌握 starDrag()的同时,还要掌握 stopDrag 函数。

函数名称：stopDrag()。

函数语法：影片剪辑实例.stopDrag()或者 stopDrag(影片剪辑实例)。

功能解析：用来释放对某个影片剪辑实例的拖拽状态。

语句范例：

```
mc.stopDrag()
```

停止鼠标对 mc 的拖动。

注意：若要创建可以随时拖动和放在任何位置的影片剪辑,可将 startDrag()和 stopDrag()动作附加到该影片剪辑内的某个按钮实例上。

```
on(press)
{
    startDrag(this,true);
}
on(release)
{
    stopDrag();
}
```

7.6.1 非固定区域的拖动

由前面对 startDrag 函数的简介,可以看出,该函数使用不同的参数可以使得拖动范围为任意的或是指定的,本小节先介绍非固定区域的拖动,即用户可以在舞台的任意范围内对影片剪辑实例进行拖放。

1. 换发游戏的制作

该实例是模拟很多网上商城的做法,自己可以通过各种搭配,动手制作喜欢的饰品或衣服搭配。这种实例一般都是通过 Flash 的 startDrag 函数实现的。

实例 7-9 换发游戏的制作。

【**实例目的**】 掌握 startDrag( )和 stopDrag( )的应用。

【**实例重点**】 掌握如何对影片剪辑进行拖放。

【**实例步骤**】

1) 创建文件

(1) 执行【文件】|【打开】操作,打开"fla\第 7 章\换发.fla"的文件。

(2) 将【图层 1】的名称修改为【头发】,打开该 Flash 的库面板,将 4 个影片剪辑 face、hair1、hair2、hair3 拖曳到舞台中,并将它们的实例名称也命名为 face、hair1、hair2、hair3。

(3) 在图层【头发】的上方,新建一个图层【文字】,并在舞台上拖放一个静态文本框,内容为"请给主人公换上您喜欢的发型",格式为【微软雅黑】、15 号字。

(4) 在图层【文字】的上方,新建一个图层 as,并在其中输入如下代码:

```
hair1.onPress = function()
{
    this.startDrag();
}
hair1.onRelease = function()
{
    this.stopDrag();
}
hair2.onPress = function()
{
    this.startDrag();
}
hair2.onRelease = function()
{
    this.stopDrag();
}
hair3.onPress = function()
{
    this.startDrag();
}
hair3.onRelease = function()
{
    this.stopDrag();
}
```

上述代码的意思是,对每一个影片剪辑而言,如果按住鼠标左键不放,将能够拖曳该元件,当左键松开,便释放了对影片剪辑的拖曳控制。

(5) 实例完成后的图层结构如下图 7-33(a)所示。

(6) 执行【控制】|【测试影片】命令,观察动画效果如图 7-33(b)所示,如果要导出 Flash 的播放文件,执行【文件】|【导出】|【导出影片】命令。

在画面中,用户可以自由拖曳发型和脸孔,形成各种各样的组合。

【**实例总结**】

该实例的重点:实现对元件的拖放自如,即在什么样的事件中,开始拖曳元件,在什么

(a) 实例的图层结构　　　　　　　　　　(b) 实例最终画面

图 7-33　实例 7-9 的图层结构和演示效果图

样的事件中,开始释放对元件的拖动。

2. 天平制作

实例 7-9 介绍了如何使用 startDrag()进行换发游戏的制作,为了加深对 startDrag()的理解,本节介绍制作天平的实例。

大体的思路是舞台上有代表不同质量的元件,将这些元件放置到天平上,会使得天平的指示针发生偏转,模拟真实生活中的天平。

实例 7-10　天平。

【实例目的】

- 掌握 startDrag()的应用;
- 培养自己分析问题、解决问题的能力。

【实例重点】　细致的分析在天平上拖放砝码逻辑过程。

【实例思路】

(1) 制作一个代表实际质量是 5kg 的球,通过 startDrag()拖动它。

(2) 制作一个电子天平,通过指针的偏转反映质量。

(3) 建立一个质量和指针偏转的函数关系,指针最大的偏移量是 90°,所以如果所有球总重为 5kg。则可以建立每 kg 使得指针偏移 18°的逻辑关系。

【实例步骤】

(1) 执行【文件】|【新建】操作,新建一个文件"天平.fla",其余的舞台设置保持默认。

(2) 将【图层 1】重命名为【仪表盘】,并在舞台上,通过椭圆工具 ◯ 和直线工具 ＼,绘制如图 7-34(a)所示的仪表盘。

(3) 在【仪表盘】图层上方,新建一个图层【指针】,在舞台上,画一个红色指针,并选中该

(a) 仪表盘　　　　　　　　　　　(b) 带指针的仪表盘

图 7-34　实例 7-10 的仪表盘

指针,按 F8 键将其转换为影片剪辑元件"指针",通过任意变形工具 将其几何中心设置到元件的底部,如图 7-34(b)所示。把该元件在舞台上的实例命名为 zhen。

(4) 在【指针】图层的上方建立一个【球 1】图层,在舞台上,用椭圆工具 ◯ 画一个蓝色圆球,按 F8 键,将其转化为影片剪辑,并在影片剪辑内部的场景中,给球添上文字说明 3kg。把该元件在舞台上的实例命名为 kg3。

(5) 如同上述方法一样,建立一个【球 2】图层,舞台上放置一个 5kg 的球,把该元件在舞台上的实例命名为 kg5。效果如图 7-35 所示。

图 7-35　舞台上的两个圆球

(6) 在【球 2】图层上方建立一个图层 as,右击该帧,选择【动作】命令,在动作面板输入如下代码:

```
kg5press = false                      //5kg 的球有没有在拖曳的状态
left = 0                              //记载天平左边的重量
right = 0                             //记载天平右边的重量
zhen._rotation = 0                    //指针的初始角度(位置)
kg5.onPress = function()              //单击 5kg 的球,也就是把球拿起来
{
    this.startDrag();
    if(kg5press == true)              //如果 5kg 球在天平上的状态
    {
        if (this._x > 275)
```

/* 275 代表天平的中点在舞台上的坐标,通过这个坐标判断球原来是放在右边还是左边,所以该语句的意思是如果球放在了右边,右边的重量减 5,因为从右边拿起来了 */

```
        right = right - 5
        else if(this._x < 275)        //如果放在左边,左边的重量减 5
        left = left - 5
        zhen._rotation = (right - left) * 16   //根据左右的重量,调节指针的位置
    }
}
kg5.onRelease = function()           //单击 5kg 的球,也就是把球放下去
{
    this.stopDrag();                  //取消对球的拖动,因为球已经放手了
    if(this._y >= 220 && this._y <= 225)  //如果球在这个位置上,表示球放在了天平上
    {
        if (this._x > 275)
        right = right + 5
        else if(this._x < 275)
        left = left + 5
        zhen._rotation = (right - left) * 16
```

```
            kg5press = true
        }
        else                              //表示球没有被放到天平上
        {
            this._y = 2.5
            kg5press = false
        }
    }
kg3press = false
left = 0
right = 0
zhen._rotation = 0
kg3.onPress = function()
{
    this.startDrag();
    if(kg3press == true)
    {
        if (this._x > 275)
        right = right - 3
        else if(this._x < 275)
        left = left - 3
        zhen._rotation = (right - left) * 11
        }
    }
kg3.onRelease = function()
{
    this.stopDrag();
    if(this._y >= 274 && this._y <= 280)
    {
        if (this._x > 275)
            right = right + 3
        else if(this._x < 275)
            left = left + 3
        zhen._rotation = (right - left) * 11
        kg3press = true
    }
    else
    {
        this._y = 2.5
        kg3press = false
    }
}
```

上述的代码对 kg5 的很多动作写了注释，kg3 的很多动作类似。

（7）实例完成后的图层结构如图 7-36 所示。

（8）执行【控制】|【测试影片】命令，观察动画效果如图 7-37 所示。如果要导出 Flash 的播放文件，执行【文件】|【导出】|【导出影片】命令。

图 7-36 实例 7-10 的图层结构

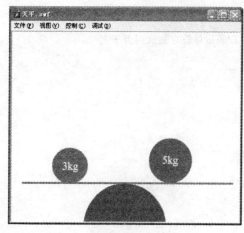 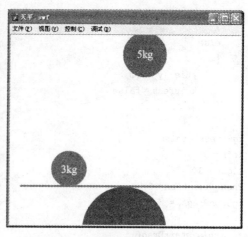

(a) 两个球的指针位置   (b) 1个球的指针位置

图 7-37   实例 7-10 的演示效果

【实例总结】

该实例的重点:主要集中在对这几个球的逻辑控制上,要理解这些逻辑控制,具体包括:

单击开始拖曳时,要知道是从外面拖曳到天平上,还是从天平上拖曳到外面,因为如果是前者,相应的重量要增加;如果是后者,相应的重量要减少。如何界定是前者,还是后者,程序中使用了两个布尔变量 kg5press 和 kg3press,标识两个球。如何界定是放在天平的左边还是右边,程序使用了球的横坐标和天平的中心横坐标比较作为判断条件。如何界定是放在了天平上,还是没有放在天平上,程序使用了球的纵坐标与天平的纵坐标比较作为判断条件。每次对球的拖放,都要及时通过重量之差,决定指针的偏向。

7.6.2   固定区域的拖动

7.6.1 节介绍的两个例子,都有个共同的特点,即用户可以在舞台上的任意位置,对影片剪辑实例进行拖放。有时会用到滑动控制条,如控制音量大小、播放进度等。那么滑块的拖动,就需要在一定的范围内进行。下面通过一个实例学习,如何使得影片剪辑实例的拖放在固定区域进行。

实例 7-11   滑块。

【实例目的】

- 掌握 startDrag(影片剪辑实例,[lock],[left,top,right,down])的应用;
- 培养自己分析问题、解决问题的能力。

【实例重点】

- 细致地分析在滑块所在的区域的坐标,即确定 left、top、right、down 的值;
- 制作一个动态文本框,动态显示滑块的位置。滑块的位置,是滑块的横坐标与区域的横坐标之差与区域的宽度的一个比值。

【实例步骤】

（1）执行【文件】|【新建】操作，新建一个文件"滑块.fla"，其余的舞台设置保持默认。

（2）将【图层1】重命名为【区域】，并在舞台上，通过矩形工具▭，绘制一个【宽】为464、【高】为29的蓝色矩形。通过对齐面板让它位于舞台全局中。选中该矩形，按F8键将其转换为影片剪辑元件，并在属性面板中将其命名为area。

（3）锁定【区域】图层，在其上方，新建一个图层【滑块】，在舞台上，通过矩形工具▭，绘制一个【宽】为12、【高】为56的黄色矩形。位置如图7-38所示。选中该矩形，按F8键将其转换为影片剪辑元件，并在属性面板中将其命名为myscoll。

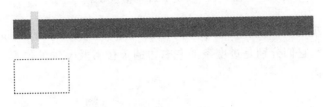

图7-38 实例7-11的舞台

（4）锁定【滑块】图层，在其上方，新建一个图层【文本框】，在舞台上，通过文本工具 T，绘制一个图7-38中的动态文本框，并通过属性面板将其命名为num。

（5）在【文本框】图层上方建立一个图层as，右击该帧，选择【动作】命令，在动作面板输入如图7-39所示的代码。

该代码前面的4句，是对区域的一个定义。在滑块的onReleaseOutside()事件中，编写代码停止对滑块的控制，同时将滑块所在的位置，通过数值描述出来，这个数值是用滑块的x坐标减去区域的x坐标除以区域的长度，这样就可以得到一个0~1的数字。有了这个数字，就可以用于任何需要用数字控制的对象。

（6）实例完成后的图层结构如图7-40所示。

```
x1 = area._x;
x2 = area._x+area._width-myscroll._width;
y1 = myscroll._y;
y2 = myscroll._y;
myscroll.onPress = function()
{
    this.startDrag("true",x1,y1,x2,y2);
}

myscroll.onReleaseOutside = function()
{

myscroll.stopDrag();
mynum = (this._x-area._x)/area._width;
num.text=mynum
} |
```

图7-39 实例7-11的动作面板   图7-40 实例7-11的图层结构

（7）执行【控制】|【测试影片】命令，观察动画效果如图7-41所示。如果要导出Flash的播放文件，执行【文件】|【导出】|【导出影片】命令。

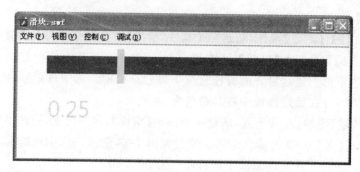

图 7-41 实例 7-11 的演示效果

拖动滑块会发现滑块只能在蓝色矩形的范围内拖动。因为 startDrag 方法运用了 4 个参数：x1、y1、x2、y2，它们分别是进度条的左右边的 x 位置及 y 轴的位置。滑块的移动范围被限定在这个范围内。

【实例总结】

该实例的重点：主要集中在对滑块所拖曳的区域的计算上，要熟悉 Flash 坐标系的概念，并能够以各种已知条件计算目标区域的坐标。

7.7 hitTest 的 Flash 的设计

7.6 节讲述了通过 startDrag 函数，在任意的范围内拖动任何影片剪辑实例。如果舞台上有很多的影片剪辑实例，在拖动某个影片剪辑实例的同时，能否有种机制可以检测，拖动的影片剪辑实例有没有和舞台上其他的实例接触。对于形状规则的影片剪辑实例，可以通过坐标的计算进行判断，但是对于不规则形状的影片剪辑实例，又该如何判断呢？

Flash 提供了一个 hitTest 函数，该函数就是专门负责判断舞台上的实例有没有接触或重叠。

函数名称：hitTest()。

语法格式：

(1) 与某点(x,y)相交：影片剪辑实例. hitTest(x,y,true 或 false)。

这将检测实例是否与括号中的 x,y 所确定的点(x,y)相交。后面的布尔值如果为 true，那么将检测实例的实际图形范围，如果为 false 则检测实例的外框是否与(x,y)相交。

(2) 影片剪辑与影片剪辑相交：影片剪辑实例 A. hitTest(影片剪辑实例 B)。

该方法将检测实例 A 是否与另一实例 B 发生接触(碰撞)。如果发生接触则返回 true；否则返回 false。

实例 7-12 碰撞测试。

【实例目的】

* 掌握 hitTest 函数的使用方法；
* 培养自己分析问题、解决问题的能力。

【实例重点】 细致的分析小球所在的舞台上的两个阻碍物的坐标。

如何通过脚本使得小球的运动路径在发生碰撞之后发生改变。

- "新名称"参数为新复制的影片剪辑的唯一标识符；
- "深度"参数为新复制的影片剪辑的唯一深度级别。

语法：removeMovieClip（目标）。

功能：删除指定的影片剪辑实例。

参数："目标"参数为用 duplicateMovieClip() 创建的影片剪辑实例的目标路径。

下面分别介绍 duplicateMovieClip 函数的两种方法：

1. 第一种方法：在主场景中插入三个关键帧

在第一帧输入：

```
i = 1;                          //这就是上面说的,初始值为 1 的变量
元件名称._Visible = 0;          //让元件不可见
```

在第二帧输入：

```
duplicateMovieClip("元件名称","元件名称"＋i,i);
//复制元件,新复制的元件名为"元件名称 i",深度为 i
新名称 = eval("元件名称"＋i);    //用新名称来代表新复制出来的元件名称
//下面就是没置新复制出来元件的各种属性

新名称._x = …;
新名称._Y = …;
新名称._rotation = …;
新名称._alpha = …;

…

i++;

if(i>需要的元件数量)
{
i = 1;
}                               //当复制的数量达到需要的数量时,将变量值设为 1
```

第三帧代码：

```
gotoAndPlay(2);                 //这样就形成了一个无限循环.
```

2. 第二种方法是只用一帧

所用代码为：

```
i = 1;
元件名称._visible = 0;
onEnterFrame = function ()
{
//每一帧执行一次,这实际就形成了无限循环
//上面第一种方法种的第二帧的代码
}
```

实例7-13 duplicateMovieClip 之简单应用。

【实例目的】 掌握 duplicateMovieClip()的使用方法。

【实例步骤】

(1) 执行菜单【文件】|【新建】命令新建一个 Flash 文件,执行【文件】|【保存】命令,将该文件保存为"DuplicateMovieClip 之简单应用. fla"。

(2) 在舞台的空白处右击,在快显菜单中选择【文档属性】命令,将舞台设置为宽 500 像素、高 200 像素,【背景颜色】为白色。

(3) 首先在库面板中建立如图 7-46 所示的图形元件——菱形,箭头,椭圆。因为是绘制一个轮廓,所以需要把填充色关闭,单独使用轮廓色。

图 7-46　实例 7-13 的图形元件

(4) 在库中,建立一个包含 30 个帧的影片剪辑"基本图形",具体的包含三个图层,每个图层都包含一个图形元件的旋转动画,图层结构如图 7-47 所示。

对于上述影片剪辑每层的首帧,都按如图 7-48 所示的参数进行设置:【旋转】、顺时针、5 次。

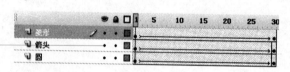

图 7-47　实例 7-13 的影片剪辑图层

图 7-48　实例 7-13 的影片剪辑动作设置

(5) 切换到主场景,建立一个新图层【基本图形】,在该图层的第 1 帧,将刚建立的影片剪辑"基本图形"拖曳到舞台上,并在舞台上将它的实例命名为 mc,在改图层的第 3 帧插入帧。

(6) 新建一个图层,命名为 as,在该层的第 1 帧输入动作:

```
var i = 0
mc._visible = false
```

其中,i 变量负责控制对元件复制的个数,初始化为 0; mc. _visible = false 表示,母本元件 mc 只需要复制出元件就可,自己本身无须显示。

(7) 在 as 图层的第 2 帧输入:

```
if(i < 30)
{
    mc.duplicateMovieClip("mc" + i, i)
    i = i + 1
}
```

这些代码是核心的复制元件的代码,由 i 控制复制的个数。可以看出,本实例只允许复制 30 个 mc 的副本。一般在使用 duplicateMovieClip()的时候,要么通过 removeMovieClip() 对复制的影片剪辑进行删除,要么通过循环变量控制 duplicateMovieClip()的次数。如果没有这些限制,Flash 不断的循环会复制无数的影片剪辑,这极大地占用系统资源,可能会导致死机。

（8）在 as 层的第 3 帧输入：

`gotoAndPlay(2)`

当执行步骤（7）后，Flash 动画在没有遇到停止语句时会继续向后执行。当执行到第 3 帧时，输入上述代码，目的就是让 Flash 回到第 2 帧，进行元件复制，如此在第 2 和第 3 帧之间循环，直到复制了 30 个影片剪辑为止。

图 7-49　实例 7-13 的图层示意图

（9）实例 7-13 的图层如图 7-49 所示。

（10）执行【控制】|【测试影片】命令，观察动画效果如图 7-50 所示。如果要导出 Flash 的播放文件，执行【文件】|【导出】|【导出影片】命令。

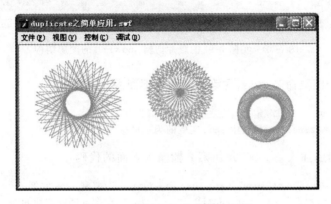

图 7-50　实例 7-13 的效果演示图

【实例总结】

该实例的重点：通过实例的学习掌握 duplicateMovieClip() 的用法，并学会通过帧的循环不断复制元件的思路，最重要的一点是学会控制 duplicateMovieClip() 的次数。

实例 7-14　duplicateMovieClip 之雪花飘落。

【实例目的】

- 掌握 duplicateMovieClip() 的使用方法；
- 掌握在复制一个元件的时候，如何对这些元件从 Alpha、位置、大小、颜色角度进行初始化；
- 掌握 Math.random() 的用法；
- 掌握通过语法 _root["实例名称"] 获取对该实例的控制方法。

【实例步骤】

（1）执行【文件】|【新建】命令新建一个 Flash 文件，执行【文件】|【保存】命令，将该文件保存为"duplicateMovieClip 之雪花飘落.fla"。

（2）在舞台的空白处右击，在快显菜单中选择【文档属性】命令，在弹出的文档属性对话框中，将舞台设置为宽 550 像素、高 400 像素，【背景颜色】为黑色。

（3）在库面板中建立单个雪花飘落的影片剪辑 snowFall。

首先，在库中绘制一个 snow 图形元件，可以采用颜色面板的径向渐变球 ![img]在舞台上绘制一个雪点，如图 7-51(a) 所示。

其次,在库中建立一个 snowFall 的影片剪辑,该影片剪辑就是利用前面的 snow 元件,制作一个长度为 100 帧的引导线动画,目的就是为了使雪花有种慢慢飘落的感觉,该影片剪辑的图层结构如图 7-52 所示。

对于已经做好的影片剪辑,可以通过拖动时间轴面板的时间头(红色)来测试。

(4) 切换到主场景舞台,将图层 1 命名为【雪花飘落】,将刚刚制作的 snowFall 影片剪辑,拖曳到该图层第 1 帧的舞台上,并对该影片剪辑的实例命名为 snow。

(a)雪点　　(b)"SnowFall"影片剪辑

图 7-51　实例 7-14 的单个雪花的舞台和引导线

图 7-52　实例 7-14 的影片剪辑 snowFall 的图层结构

(5) 新建一个图层命名为 as,在第 1 帧输入下面的代码:

```
var snowNum = 0;         //定义雪花的数量初始值为 0
snow._visible = false;   //场景中 snow 实例的为不可见
```

(6) 在【as】图层插入第 2 帧,并在第 2 帧输入下面的代码:

```
snow.duplicateMovieClip("snow" + snowNum, snowNum);   //复制 snow 实例
var newSnow = _root["snow" + snowNum];                //把复制好的新 snow 名称用 newSnow 代替
newSnow._x = Math.random() * 450;                     //新复制的 snow 实例的 x 坐标是 0~450
                                                      //的一个随机值
newSnow._y = Math.random() * 20;                      //新复制的 snow 实例的 y 坐标是 0~20 的
                                                      //一个随机值
newSnow._rotation = Math.random() * 100 - 50;         //新复制的 snow 实例的角度是 -50~50 度
                                                      //的一个随机值
newSnow._xscale = Math.random() * 40 + 60;            //新复制的 snow 实例的水平宽度比例是
                                                      //60~100 的一个随机值
newSnow._yscale = Math.random() * 40 + 60;            //新复制的 snow 实例的垂直宽度比例是
                                                      //60~100 的一个随机值
newSnow._alpha = Math.random() * 50 + 50;             //新复制的 snow 实例的透明度是 50~100
                                                      //的一个随机值
snowNum++;                                            //雪花数量加上 1
```

这段代码就是当一个雪花飘落元件被复制以后,马上进行各种各样的初始化。上面的代码分别从旋转、位置、大小、透明度等方面,配合 Math.random()随机数,使得复制的雪花飘落元件,形态各异,各不相同,和生活中的纷纷扬扬的场景尽可能的接近。

"var newSnow = _root["snow"+snowNum];"是上述代码中的核心语句,请读者掌握这种通过影片剪辑实例名称获取对整个影片剪辑引用的方法。

(7) 在图层 as 插入第 3 帧,并在其中输入如下代码:

```
if (snowNum < 120)        //当雪花数小于 120 时候
    gotoAndPlay(2);       //跳转到第二帧
else                      //否则
    stop();               //停止
```

　　该段代码实现控制复制雪花飘落的次数。复制 120 个雪花飘落的影片剪辑后,该动画不会停止不动。因为,每个雪花飘落的影片剪辑,是一个简单的引导线动画,当每个雪花飘落时,会重复到第 1 帧,继续从高空落下。每个雪花飘落影片剪辑内部就是不断循环的,所以上述代码的 stop(),仅仅是停止复制,并不能停止雪花的飘落。可以这样理解舞台上纷纷扬扬的下雪效果就是有 120 个单独的引导线动画雪花飘落不断循环实现的。

图 7-53　实例 7-14 的图层结构

　　(8) 实例 7-14 的图层结构如图 7-53 所示。

　　(9) 执行【控制】|【测试影片】命令,观察动画效果如图 7-54 所示。如果要导出 Flash 的播放文件,执行【文件】|【导出】|【导出影片】命令。

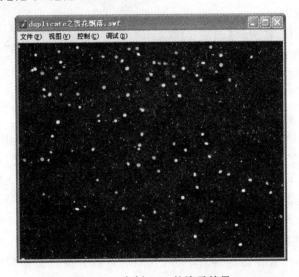

图 7-54　实例 7-14 的演示效果

【实例总结】

　　该实例的重点就是第 2 帧的代码,通过掌握 Math. random() 和 duplicateMovieClip() 的互相配合的思路,元件由 duplicateMovieClip() 复制到舞台上,而 Math. random() 负责将每个复制的元件,都尽可能有不同的属性,形成完全不同的个体。

　　Math. random() 的用法如下:

　　Math. random() 返回一个 0~1 之间的随机数。

　　Math. random() * 550 返回一个 0~550 之间的随机数。

　　50+Math. random() 返回一个 50~51 之间的随机数。

　　Math. random() * 100−50 返回的是一个 −50~+50 之间的随机数。

　　实例 7-15　duplicateMovieClip 之气泡上升。

【实例目的】

- 掌握 duplicateMovieClip() 的使用方法;
- 掌握在复制一个元件时,对这些元件从 Alpha、位置、大小、颜色角度进行初始化;
- 掌握 Math. random() 的用法;

- 掌握通过语法_root["实例名称"]获取对该实例的控制的方法；
- 掌握随机控制。

【实例步骤】

(1) 执行【文件】|【新建】命令新建一个 Flash 文件，执行【文件】|【保存】命令，将该文件保存为"duplicateMovieClip 之气泡上升. fla"。

(2) 在舞台的空白处右击，在快显菜单中选择【文档属性】命令，在弹出的文档属性对话框中，将舞台设置为宽 400 像素、高 300 像素，【背景颜色】为橙色。

(3) 首先在库中建立一个单个气泡的影片剪辑，取名为"气泡"。

(4) 切换到主场景，将图层【图层 1】改名为 ball，并将刚刚制作的影片剪辑"气泡"放到舞台的右下角，如图 7-55 所示。通过属性面板对其命名为 ball。

图 7-55　实例 7-15 的舞台

(5) 右击该影片剪辑实例 ball，在动作面板中输入如图 7-56 所示的代码。这段代码写在影片剪辑实例 ball 内部，所以当通过 duplicateMovieClip 方法对影片剪辑实例"ball"进行复制，会自动地把这段包含在其内部的代码也进行复制。这段代码主要就是对它所在的影片剪辑进行控制，这种控制是通过两个影片剪辑的事件进行的。load 事件的代码的意思是影片剪辑实例刚被复制时，代码就为它指定随机的大小和 x 与 y 两个方向上的运动速度。这样可以呈现不同大小和不同速度的气泡。enterFrame 事件的代码的意思是，每隔帧频的时间，改变所在的影片剪辑的坐标 (x,y)，因为气泡初始位置在舞台的右下方，气泡的运动方向应该是朝向舞台的左上方，所以代码要使得 x,y 不断的减小。当气泡不断的上升，一旦坐标的 x 或 y 小于 0，气泡将运动到舞台的外面，这时就可以通过 removeMovieClip()，将该影片剪辑实例从舞台上删除。

```
onClipEvent (load) {
    xSpeed = random(10)+2;
    //气泡运动的x方向的速度, 取随机值
    ySpeed = random(10);
    //气泡运动的y方向的速度, 取随机值
    this._xscale = this._yscale=random(200)+50;
    //气泡的缩放比例随机
}
onClipEvent (enterFrame) {
    if (this._name != "ball") {
        _x -= xSpeed;
        _y -= ySpeed;
        //气泡的速度递减, 形成运动效果
    } else {
        this._visible = false;
    }
    //条件语句, 实例名为ball的气泡设置为不可见
    if(_x<0||_y<0||_y>300){
        removeMovieClip(this)
    }
}
```

图 7-56　实例 7-15 的内嵌在影片剪辑内的代码

（6）新建一个图层并命名为 as，在第 1 帧输入如图 7-57 所示的代码：

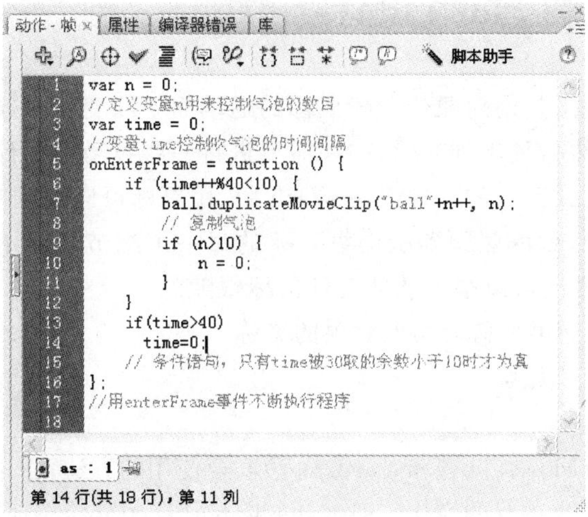

图 7-57　实例 7-15 中 as 图层的代码

上述的代码主要是通过 n 和 time 对影片剪辑的复制进行控制。理解这两个变量所代表的意义，有助于理解上述代码。

time++％40＜10 的目的是如果以 40 个帧频为一个时间单位，其中 10 个帧频用来复制元件，即复制 10 个气泡；另外 30 个帧频的时间不复制，等着 10 个气泡散去；10 个气泡复制完毕后，n 回到初值 0，40 个帧频后，time 的值回到初值。

（7）实例 7-15 的图层结构如图 7-58 所示。

图 7-58　实例 7-15 的图层结构

（8）执行【控制】|【测试影片】命令，观察动画效果如图 7-59 所示。如果要导出 Flash 的播放文件，执行【文件】|【导出】|【导出影片】命令。

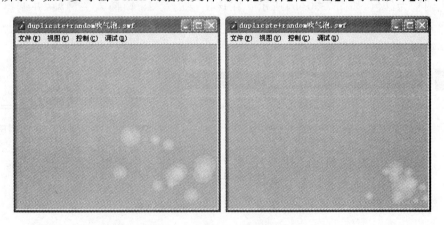

图 7-59　实例 7-15 的演示效果

【实例总结】

该实例的重点：如果需要对每个复制的影片剪辑进行控制，可以在母本元件中植入代码，这些代码将会随元件的复制而被复制。

7.9　鼠标跟随的 Flash 设计

鼠标跟随效果实际上是使对象位置随鼠标的运动而不断变化,这样的效果很容易实现。但是,要将鼠标跟随效果做到出神入化,往往需要进行一些技巧性的计算。

鼠标跟随属于交互式动画的一种。在 Flash 中,用鼠标可以控制一切。但是,要使这种人为的操纵不那么生硬,就得照顾到所操纵对象的每一个细节。使用 Flash 脚本所提供的 startDrag("xx",true)方法可以很方便地实现鼠标跟随。

需要注意的是,xx 是影片剪辑实例对象的名称。

实例 7-16　彩线鼠标跟随。

【实例目的】

- 掌握的 duplicateMovieClip()和 startDrag()联合使用的方法,通过 startDrag()控制影片剪辑跟随鼠标发生位置的变化。通过 duplicateMovieClip()实现影片剪辑的特效;
- 掌握在复制一个元件时,对这些元件的_rotation 进行设置;
- 掌握通过语法_root["实例名称"]获取对该实例的控制的方法。

【实例步骤】

(1) 执行【文件】|【新建】命令新建一个 Flash 文件,执行【文件】|【保存】命令,将该文件保存为"彩线鼠标跟随.fla"。

(2) 在舞台的空白处右击,在快显菜单中选择【文档属性】命令,在弹出的文档属性对话框中,将舞台设置为宽 300 像素、高 300 像素,【背景颜色】为黑色。

(3) 首先在库中建立一个影片剪辑,取名为 line。在影片剪辑 line 的图层 1 的第 1 帧舞台上,用线条工具 \ 绘制宽度为 20 的黄色线条,如图 7-60(a)所示。将其转换为图形元件,取名为"线"。并在该图层的第 10 帧,插入关键帧,并调整该帧的线条图形元件,宽度为 160,颜色调整为红色,如图 7-60(b)所示。在该图层的第 15 帧插入关键帧,并调整该帧的线条图形元件的透明度为 0。最后分别右击第 1 和第 10 帧产生动作补间动画。

图层结构如图 7-61 所示。

(a) 黄色线条　　　　　　　(b) 红色线条

图 7-60　影片剪辑 line 的舞台内容　　　　图 7-61　影片剪辑 line 的图层结构

(4) 切换到主场景,将图层【图层 1】改名为 line,并将刚刚制作的影片剪辑 line 放到舞台的中央,并通过属性面板将该影片剪辑的实例命名为 line。

(5) 新建一个图层并命名为 as,在第 1 帧输入下面的代码:

```
startDrag("line", true);
```

该语句负责开始拖动舞台上的影片剪辑实例 line。

在第 2 帧中,输入下面的代码:

```
i++
```

```
if (Number(i) > 20)
{
    i = 1;
}
duplicateMovieClip("line", "line" + i, i);
_root["line" + i]._rotation = i * 18;
```

其中,变量 i 负责控制影片剪辑"line"被复制的次数,在该实例中,只允许复制 20 次;"_root ["line"+i]._rotation=i*18;"语句,将新复制影片剪辑实例的_rotation 属性进行修改,修改的规则是当前被复制的次数*18,这样总共复制了 20 个影片剪辑,每个都旋转 18°,正好构成一个圆环。

在第 3 帧中,输入下面的代码:

```
gotoAndPlay(2);
```

此句构成无条件循环,负责循环复制影片剪辑。

图 7-62 实例 7-16 的图层结构

(6) 实例 7-16 的图层结构如图 7-62 所示。

(7) 执行【控制】|【测试影片】命令,观察动画效果如图 7-63 所示。如果要导出 Flash 的播放文件,执行【文件】|【导出】|【导出影片】命令。

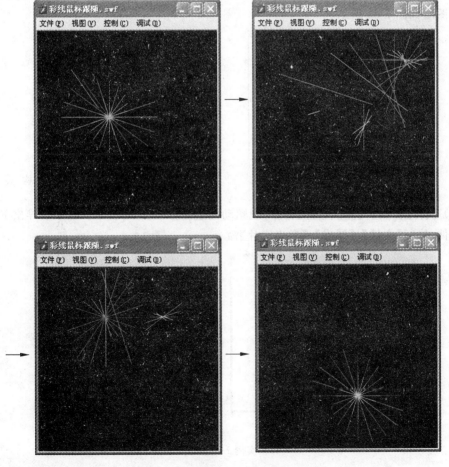

图 7-63 实例 7-16 的演示效果

【实例总结】

该实例的重点,掌握 startDrag( )和 duplicateMovieClip( )结合制作鼠标跟随效果的方法。

实例7-17 获取鼠标位置。

【实例目的】 掌握获取鼠标位置的方法。

【实例步骤】

(1)执行【文件】|【新建】命令新建一个 Flash 文件,执行【文件】|【保存】命令,将该文件保存为"获取鼠标位置. fla"。

(2)在舞台的空白处右击,在快显菜单中选择【文档属性】命令,在弹出的文档属性对话框中,将舞台设置为宽300像素、高200像素,【背景颜色】为白色。

(3)将主时间轴的【图层1】命名为【文本框】,在舞台上绘制如图 7-64 所示的界面。两个虚线框是动态文本框,它们在舞台上的名称分别为 x 和 y。

(4)新建一个图层并命名为 AS,在第1帧输入下面的代码:

```
x. text = int(_xmouse);     //显示鼠标当前的横坐标
y. text = int(_ymouse);     //显示鼠标当前的纵坐标
```

(5)两个图层都在第2帧位置插入帧,使 Flash 形成循环,这样就可以随时监控鼠标的坐标。图层如图 7-65 所示。

图 7-64　实例 7-17 的舞台内容　　　　　图 7-65　实例 7-17 的图层结构

(6)执行【控制】|【测试影片】命令,观察动画效果如图 7-66 所示。如果要导出 Flash 的播放文件,执行【文件】|【导出】|【导出影片】命令。

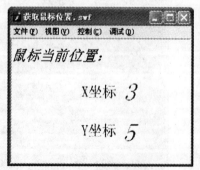

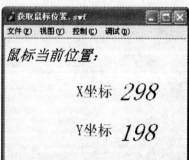

(a)鼠标在靠近左上角的坐标　　　　　(b)鼠标在靠近右上角的位置

图 7-66　实例 7-17 的演示效果

【实例总结】

该实例的重点,掌握使用_xmouse 和_ymouse 反映鼠标的即时坐标。通过上述的演示效果再次掌握 Flash 的坐标系,原点(0,0)位于舞台的左上角,由下角将是横坐标和纵坐标最大取值的地方。

实例 7-18　跟随鼠标移动的图片。

【实例目的】

- 掌握获取鼠标位置的方法;
- 掌握控制鼠标移动边界的方法;
- 掌握对影片剪辑进行颜色控制的方法。

【实例步骤】

(1)执行【文件】|【新建】命令新建一个 Flash 文件,执行【文件】|【保存】命令,将该文件保存为"跟随鼠标移动的图片.fla"。

(2)在舞台的空白处右击,在快显菜单中选择【文档属性】命令,在弹出的文档属性对话框中,将舞台设置为宽 320 像素、高 350 像素,【背景颜色】为白色。

(3)将主时间轴的【图层 1】命名为【图片】,并执行【文件】|【导入】|【导入到舞台】命令,将 pic\pic1.jpg 导入到舞台,按 F8 键将其转换为影片剪辑"图片",调整它在舞台上的位置,横坐标为 −257.0,纵坐标为 −176.0。使舞台位于整幅图片的中心,如果因为遮盖看不清楚,可以使用图层上的【显示所有图层的轮廓】按钮调整,具体位置如图 7-67(a)所示。

对"图片"影片剪辑进行坐标的调整,使得它的坐标由左上角移动到中心,如图 7-67(b)所示。一个影片剪辑"+"号的位置就是它的坐标位置。

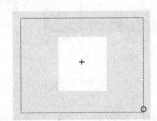

(a)图片位置　　　　(b)调整图片的坐标点位于几何中心

图 7-67　实例 7-18 使用【显示所有图层的轮廓】的演示效果

(4)通过【属性】面板,把刚建立的影片剪辑在舞台上的实例命名为 img。

(5)锁定并隐藏图层【图片】,添加一个新图层【遮罩】,利用矩形工具 ,圆角半径设置为 10,如图 7-68 所示。

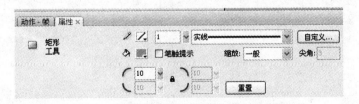

图 7-68　实例 7-18 矩形工具的圆角半径设置

在舞台上绘制一个圆角矩形,位置和坐标如图 7-69 所示。

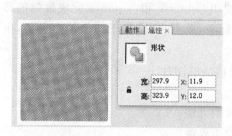

图 7-69　实例 7-18 圆角矩形的位置和坐标以及在舞台上的位置

(6) 右击【遮罩】图层,在快显菜单中,选择【遮罩层】复选框,形成遮罩,效果如图 7-70 所示。

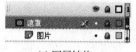

(a) 图层结构　　　　　　　　　(b) 遮照后的效果

图 7-70　实例 7-18 形成遮罩后的舞台效果

(7) 新建一个图层并命名为 AS,在第 1 帧输入如图 7-71 所示的代码。

```
1   var spd = 0.18;
2   var endX = img._x;
3   var endY = img._y;
4   onEnterFrame = function () {
5       if (_xmouse>0 && _xmouse<320 && _ymouse>0 && _ymouse<350) {
6           endX = _xmouse;
7           endY = _ymouse;
8       }
9       img._x += (endX-img._x)*spd;
10      img._y += (endY-img._y)*spd;
11  };
12
13
```

图 7-71　实例 7-18【AS】图层的代码

第 1 行代码的变量是对图片跟随鼠标移动的速度的定义。因为每隔帧频,图片移动的是依靠对其_x,_y 的修正完成的,而对_x,_y 的修正又依赖鼠标移动的方向和 spd 变量的乘积,所以 spd 决定了图片移动的速度。

endX 和 endY 记录鼠标前一刻的位置,为了实现图片跟随鼠标的移动,对鼠标的坐标和图片的坐标做减法,图片的坐标位于图片的中心,所以如果鼠标位于图片的中心偏右,差值为正,则图片会向右移动;反之,图片则向左移动。

在 if 的条件语句中,当鼠标的坐标位于舞台之外,将不再影响图片。

功能性的代码都写在了 onEnterFrame＝function()中,目的就是使得每隔帧频的时间就执行一次。这样可以不断检测鼠标的位置,并根据鼠标位置不断修正图片的位置,实现图片跟随鼠标移动。

（8）整个实例的图层如图 7-72 所示。

（9）执行【控制】|【测试影片】命令,观察动画效果如图 7-73 所示。如果要导出 Flash 的播放文件,执行【文件】|【导出】|【导出影片】命令。

图 7-72　实例 7-18 的图层结构

(a) 图片初始位置

(b) 图片随鼠标移动

图 7-73　实例 7-18 的演示效果

可以尝试改变图片的移动速度变量的值,再测试实例的演示效果。

【实例总结】

该实例的重点:根据鼠标的移动控制影片剪辑的运动,注意其中的算法和思路,还要掌握调整影片剪辑的坐标位置。本实例影片剪辑的坐标位置一定是位于影片剪辑中心;否则效果不能实现。

习题 7

1. 综合实践题

（1）以实例 7-1 作为基础,再添加两个按钮,分别控制飞机上下运动,并且通过键盘的小键盘上、下键也可以控制飞机的上下运动。

　　(2) 以实例 7-2 作为基础,使得 6 个气球,除了具备随机的颜色和位置之外,还需具备随机的大小。

　　提示:使用_xscale 和_yscale 乘随机系数的思路。

　　要求:

　　① _xscale,_yscale 的值不能随机到 0。

　　② 气球在缩放的时候不能失真,必须保持原本的长宽比例。

　　(3) 新建一个作业"竖直滑块.fla",制作如图 7-74 所示的动画。

　　提示:参考实例滑块的制作方法。

　　要求:

　　① 滑块只能在蓝色的矩形区域内进行竖直方向的拖动。

　　② 使用动态文本框记载当前滑块所在矩形区域的相对位置。

　　(4) 新建一个作业"朦胧遮罩练习.fla",制作如图 7-75 所示的动画。样张可参考"fla\第 7 章\朦胧遮罩练习.swf"。

　　提示:

　　① 参考实例朦胧遮罩的制作方法。

　　② 素材请使用"fla\素材.fla"库中的"风景 3"元件。

图 7-74　作业 3 的效果　　　　　　　　　　图 7-75　作业 4 的效果

　　(5) 新建一个作业"鼠标跟随作业.fla",制作如图 7-76 所示的动画。样张可参考"fla\第 7 章\鼠标跟随作业.swf"。

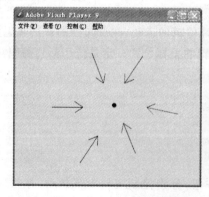
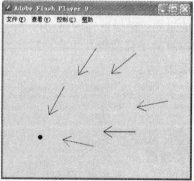

图 7-76　作业 5 的效果

要求：

① 舞台上至少要有 6 个箭头。

② 黑色的圆点跟随鼠标的箭头运动。

③ 箭头的方向必须朝向鼠标箭头所代表的方向。

（6）新建一个作业"坐标鼠标跟随.fla"，制作如图 7-77 所示的动画。样张可参考"fla\第 7 章\坐标鼠标跟随.swf"。

要求：

① "十"字图形，跟随鼠标运动。

② 运动的同时在"十"字的中心实时显示坐标的位置。

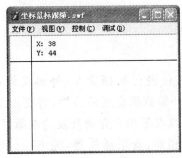 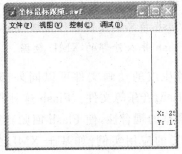

(a) 鼠标在左上角的坐标　　　　　　(b) 鼠标在右下角的坐标

图 7-77　作业 6 的效果

（7）模仿实例 7-18，新建一个作业"跟随鼠标移动的图片作业.fla"，制作如图 7-78 所示的动画。样张可参考"fla\第 7 章\跟随鼠标移动的图片作业.swf"。

 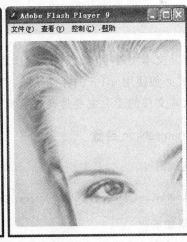

图 7-78　作业 7 的效果图

要求：

① 图片的位置，跟随鼠标运动。

② 当鼠标单击影片剪辑图片时，颜色出现随机的变化。

③ 素材可使用"fla\素材.fla"库中的"人物\模特 1"。

第8章

Flash与外部数据的交互

本章学习指引：

- 掌握Flash与文本文件进行数据的交换；
- 掌握Flash导入外部的XML数据。

Flash制作生成的动画文件可以同外部文件进行数据交互，外部文件可以是文本、XML、图片、Flash、音乐等文件。Flash这种与外部数据交互的特性，将更加拓宽它的应用范围，减少与数据的耦合性，使Flash回归到重点在于用户界面开发的本源，使用户能够开发更加丰富多彩的应用实例，如基于XML的相册、音乐播放器，纯Flash网站等。尽管Flash可以和外部文件进行数据交换，但还不能直接读取数据库。这更多的是出于安全性的考虑，然而借助于其他动态技术，如ASP（Active Server Page）、PHP、JSP，还是可以实现Flash对数据库的连接以及数据管理操作。下面就简单介绍下Flash如何与外部数据实现交互。

8.1 Flash 对文本文件的读取

Flash可以从文本文件中读取数据，被读取的文本文件中如果包含非ASCII字符，文本内容的编码格式必须使用utf-8的存储格式，否则装载到Flash中后的内容会出现乱码。

Flash对文本文件的读取主要是通过系统函数实现的，最常用的两个函数如下。

1. loadVariablesNum 函数

具体的语法如下：

```
loadVariablesNum(url:String, level:Number, [method:String])
```

其中的参数说明如下：

url：String：变量所处位置的绝对或相对路径。如果发出此调用的swf文件正在Web浏览器上运行，则url必须与swf文件位于同一个域中。

level：Number：一个整数，指定Flash Player中接收这些变量的级别。

method：String［可选］：指定用于发送变量Http方法。该参数必须是字符串get或post。如果没有要发送的变量，则省略此参数。get方法将变量附加到url的末尾，用于发送少量的变量。post方法在单独的Http标头中发送变量，用于发送长字符串的变量。

2. loadVariables 函数

该函数读取的数据放在 Flash 中的某个影片剪辑，具体的语法如下：

```
loadVariables(url:String, target:Object, [method:String])
```

其中的参数说明如下：

url:String：变量所处位置的绝对或相对路径。如果发出此调用的 swf 文件正在 Web 浏览器上运行，则 url 必须与 swf 文件位于同一个域中。

target:Object：指向接收所加载变量的影片剪辑的目标路径。

method:String［可选］：指定用于发送变量的 Http 方法。该参数必须是字符串 get 或 post。如果没有要发送的变量，则省略此参数。get 方法将变量附加到 url 的末尾，用于发送少量的变量。post 方法在单独的 Http 标头中发送变量，用于发送长字符串的变量。

如果要将变量加载到目标影片剪辑中，请使用 loadVariables() 而不是 loadVariablesNum()。

实例 8-1　读取文本文件。

【实例目的】

- 使用 Flash 导入外部文本文件的内容；
- 通过按钮控制动态文本框的滚动栏。

【实例重点】　掌握影片剪辑的 load 事件和 data 事件。

【实例步骤】

1）新建文件

打开 Flash，执行【文件】|【新建】命令，新建一个影片文档，舞台的大小设置为 300×300 像素，背景色设置为♯009999，并通过按 Ctrl+S 键，将该文件保存为"读取文本文件.fla"。

2）绘制"文本导入"影片剪辑元件

（1）打开该 Flash 的库，然后单击库面板左下角的图标【新建元件】，弹出如图 8-1 所示的"创建新元件"对话框中，在【名称】文本框中输入"文本导入"，元件类型设置为【影片剪辑】。

（2）此时在所看到的时间轴上，将【图层 1】命名为【动态文本】，并在该图层的舞台上，绘制一个动态文本框，位置如图 8-2 所示，然后对该动态文本框进行如图 8-3 所示的属性设置，实例名为 mytext。字体为【黑体】，大小为 15，颜色为【白色】，而且支持【多行】文本。

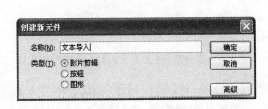

图 8-1　"创建新元件"对话框

图 8-2　"文本导入"影片剪辑的舞台内容

（3）在【动态文本】图层的上方，建立一个图层【按钮】，执行【窗口】|【公用库】|【按钮】命令，找到如图 8-4（a）所示的按钮 flat blue play 并拖曳到图层【按钮】的舞台上。通过复制和

图 8-3　动态文本框的属性设置

旋转的调整,使得位置见图 8-2。对按钮实例的命名见图 8-4(b)。

　　(4) 在图层【按钮】的上方,建立一个图层 AS,输入如图 8-5 所示的代码。该段代码中首先通过 var btn=0,定义了一个影片剪辑级别的变量,用来控制每次文本框进行滚动条滑动的滑动单位。这个滑动单位,受按钮的事件影响。如果单击向上按钮不放,则触发 btnUp. onPress=function()事件,该事件负责改变 btn 的值为 1,实现文本框向下滑动;如果松开鼠标,就触发 btnUp. onRelease=function()事件,该事件负责改变 btn 的值为 0,即停止对文本框的滑动。同理,应用于向下按钮。按钮的事件只是负责改变 btn 的值,而具体实现文本框滚动的函数是 doscroll(num)。在调用该函数时将 btn 的值传递给 num,可实现文本框的滚动。滚动的具体代码"ytext. scroll += num;",因为 num 可正可负,就实现了文本框的向上或向下滚动。对 doscroll(num)函数的调用放在了事件 onEnterFrame= function()中,目的就是为了实现单击按钮不放,使得文本框连续的滚动。

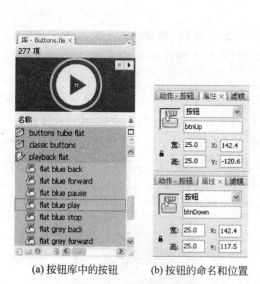

(a) 按钮库中的按钮　　(b) 按钮的命名和位置

图 8-4　按钮在库中的位置以及按钮的属性设置

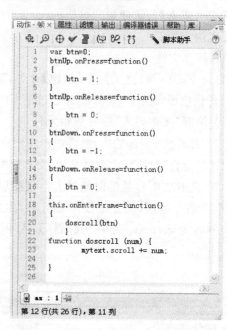

图 8-5　影片剪辑【文本导入】的 as 图层的代码

　　(5) 影片剪辑"文本导入"制作完成后,切换到主场景,将【图层 1】命名为【文本导入】,把刚建立的影片剪辑"文本导入",拖曳到舞台上,右击影片剪辑实例,在【动作】面板中输入,如下的代码。

```
onClipEvent (load)
{
```

```
    this.loadVariables("site.txt");
}
onClipEvent (data)
{
    this.mytext.text = txtTop;
}
```

这两个事件,是真正实现如何从文本文件中读取数据的代码。在影片剪辑的 load 事件中,把文本文件读入到影片剪辑所在的内存中,然后在加载完成后,会触发 data 事件。在该事件就可以把文本文件中,txtTop 所指向的文本内容,赋值到动态文本框中,完成了文本内容的加载。

需要特别说明的是,在该示例中,需要的文本文件名字为 site.txt,位置和该 Flash 文件在同一个文件夹中,而且文件的内容为 utf-8 的编码,内容如图 8-6 所示。

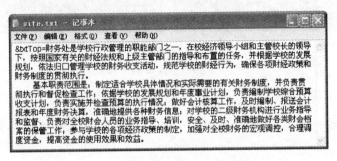

图 8-6 实例 8-1 用到的文本文件

在该文本文件中,需要注意:

① 注意语法"&txtTop=xxxxxxx",有了这行后,Flash 才可以取到它所指向的内容。

② 文本文件内容的编码一定是 utf-8 格式。如果是 ansi 模式的话,可以通过记事本打开该文件,然后执行【文件】|【另存为】命令,在随后的对话中,如图 8-7 所示。选择【编码】为 uft-8,然后单击【保存】按钮,即可将普通文本文件保存为 utf-8 格式的文本。

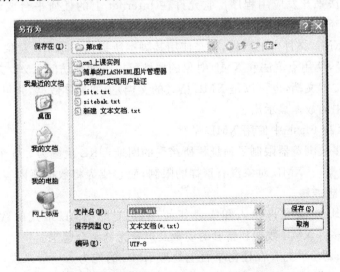

图 8-7 普通文本文件转为 utf-8 的保存画面

　　(6) 执行【控制】|【测试影片】命令,观察动画效果,如果要导出 Flash 的播放文件,执行【文件】|【导出】|【导出影片】命令。按 Ctrl+Enter 键测试效果如图 8-8 所示。

(a) 文字的初始位置　　　　　　　　　　　(b) 滚动后的文字

图 8-8　实例 8-1 的演示效果

【实例总结】

　　该实例的重点:通过 Flash 加载外部的文本文件,其中文本文件必须有一定的语法要求。

8.2　Flash 对 XML 文件的读取

　　可扩展置标语言(eXtensible Markup Language,XML),是一种具有数据描述功能、高度结构性及可验证性的语言。XML 采用了开放架构设计,和 Html 一样,使用了标记和属性;和 Html 最大的不同在于 XML 的标记和属性允许用户自行定义,并可以依照所定义的标记与属性的语法来开发应用程序。它允许在 Internet 上的任何平台或语言之间交换数据。这项技术已经被广泛采用。

　　Flash 访问 XML 文件中的数据,就是使用其脚本所提供的 XML 对象。它提供了访问 XML 文档的途径,使用点语法和 XML 对象的属性可以方便地访问 XML 文档(既可以是存储 XML 数据的文本文档,也可以是 XML 格式的文档)中的具体数据,并可以在 Flash 中将外部 XML 文档中的数据显示出来。

　　那么,为什么在 Flash 中使用 XML 呢?

- 首先,大多数浏览器限制了地址栏所接受的网址 URL 最多为 256 个字符(包括查询字符串数据)。XML 对象没有这样的限制,使它成为将数据库内容加入 Flash 动画的一个理想方法。

- 其次,XML 对象允许输入和集成任何 Web 上的 XML 格式的数据到 Flash 中,Flash 能够将 XML 数据和精彩的动画及声音无缝结合起来。

- 另外,Flash 几乎拥有在任何平台上处理 XML 的能力。一般来说,大多数 XML 转换是在服务器端处理的,因为浏览器对 XML 的支持不是很全面。

8.2.1 关于 XML 文件

XML 文件与 HTML 文件有相似之处，因为它们都使用标签(tag)。但是，HTML 文件中的标签都是 HTML 的语法所预定好的，如<hr>表示水平线、<font>表示字体，
表示换行等；而 XML 文件中的标签则可以由用户根据需要、习惯和爱好指定。图 8-9 所示是一个 XML 文件的例子。

```
1  <student>
2      <name>Thyme</name>
3      <age>18</age>
4      <score>
5          <English>94</English>
6          <Physics>86</Physics>
7          <Chemistry>99</Chemistry>
8      </score>
9      <grade>B</grade>
10 </student> |
```

图 8-9　XML 文件示例

上例的 XML 文档定义了一个 student 对象，在 student 对象下面包含 4 组信息，分别是 name、age、score 和 grade，在 score 下面又分为 English、Physics、Chemistry 三类，以上这些成对出现的标志即是 XML 的标签，标签又称为 XML 的元素(Element)或节点(Node)。每对节点之间包含与该节点相对应的数据，这些数据又称为文本节点(Text Node)。

使用 XML 表示的数据结构一目了然，这也是它之所以深受人们喜爱的原因之一。在 Flash 中使用 XML 对象可以方便地解析 XML 的数据结构，以访问需要的节点或数据。

XML 的另一大优点就是可以使用简单的文本编辑器进行编辑，程序员可以很容易地编写出访问 XML 格式数据的程序。这也为使用 Flash 制作与服务器交互的影片提供了一条捷径。

8.2.2 关于 AS 中的 XML 对象

同其他对象一样，要使用 XML 对象，就得先创建 XML 对象的实例，其方法如下：

```
myXml = new Xml();
```

XML 对象提供了众多的属性、方法和事件，下面重点介绍常用的几种：

1. load 方法

XML 的 load 方法用于从指定的路径中加载 XML 文档，并使用下载的 XML 数据替换指定 XML 对象的内容。使用 load 方法加载的 XML 文档必须与 Flash 影片处于相同的文件夹中。下面代码的意思就是创建 XML 对象，并通过该对象从外部文本文档中加载数据。

```
myXml = new Xml();
myXml.load("XmlData.Xml");
```

使用 Xml.load 命令后并不能立即将外部文档中的数据加载到影片中,如果直接引用文档中的数据可能会得不到需要的结果。要判断 XML 文档是否已经加载到影片中,可以使用下面要介绍的 onLoad 事件。

2. onLoad 事件

当从服务器上接收 XML 文档时,由 Flash Player 调用 XML 的 onLoad 事件。调用 onLoad 事件时自动返回一个参数 success,如果成功的收到 XML 文档,则 success 参数为 true;如果未收到该文档,或从服务器上接收响应时出现错误,则 success 参数为 false。

onLoad 事件的使用方法如下:

```
myXml = new Xml();
myXml.load("XmlData. Xml ");
myXml.onLoad = function()
{
if (success == true)
{
    trace("Xml is successfully loaded");
}
else
{
    trace("Something is wrong with the Xml document");
}
};
```

通过 onLoad 事件和 load 方法加以配合,就可以比较安全的打开一个 XML 文件,并接受它的数据。

3. childNodes 属性

XML 对象的 childNodes 属性返回指定 XML 对象的当前节点的下一级的所有节点所构成的数组,也就是说 childNodes 属性将 XML 对象当前级的子级节点作为一个数据返回。可以使用方括号访问数组中的每一个元素。

例如,外部文档中有如图 8-9 中的结构图 XML 文件,先通过如图 8-10 所示的代码,将其加载到影片的 XML 对象中。

运行以上脚本,输出窗口中将显示整个 XML 文件的内容,如图 8-11 所示。

将上面脚本中的 trace 语句换成如下:

```
trace(myXml.childNodes[0].childNodes[0]);
```

运用脚本,输出窗口中没有任何内容显示。其实,并不是没有显示,而是因为后面有一个换行,Flash 没能识别这个换行,而是将一个空行也作为 XML 对象的一个节点了。如果要验证,可以将 trace 语句修改为下面的代码:

图 8-10　加载 XML 文件示例

```
trace(myXml.childNodes[0].childNodes[1]);
```

此时,再运行代码,可以看到输出窗口中显示如图 8-12 所示的内容。

图 8-11　显示整个 XML 文件的内容　　　　图 8-12　修改后的代码显示效果

4. ignoreWhite 属性

像上述段落提到的那样,如果 Flash Player 不能识别空格和空行,那么就不能把 XML 文档写成有层次的格式,而这样导致的结果就是 XML 文档将不利于阅读。但是,Flash 提供的 ignoreWhite 属性,能够解决这个问题。

ignoreWhite 属性的默认设置为 false,当设置为 true 时,在分析过程中将放弃仅包含空白的文本节点。要解决前面遇到的问题,只需要将 XML 对象的 ignoreWhite 属性设置为 true 即可。

在上例中使用如图 8-13 所示的代码,将在输出窗口中返回 Thyme,运行效果见图 8-12 所示。

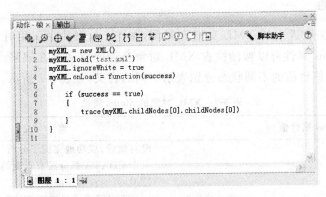

图 8-13　ignoreWhite 属性的使用

在熟悉了图 8-9 中的 XML 文件结构后,考虑如何才能返回 Physics 字段中的 86 呢?

5. nodeValue 属性

通过下面的语句:

```
trace(myXml.childNodes[0].childNodes[2].childNodes[1].childNodes[0]);
```

可以定位到上面所提到的问题。但是这样仅仅是定位到了这个节点，要知道一个节点可以有很多属性，也可以有自己的值，而 86 算是那个节点的值。显然定位到节点，并不能显示 86，需要返回节点的值，而 nodeValue 属性就是返回节点的值。如果 XML 对象为文本节点，则 nodeValue 为该节点的文本；如果该 XML 对象是 XML 元素，则其 nodeValue 为 null。

可以使用如下所示的代码：

```
trace(myXml.childNodes[0].childNodes[2].childNodes[1].childNodes[0].nodeValue);
```

解决上述的问题。

6. nodeType 属性

既然 XML 元素和 XML 的文本节点是有区别的，就有必要将这两种类型的节点区别。nodeType 是一个只读属性，值为 1 表示 XML 元素；为 3 表示文本节点。在上例中，使用以下脚本将分别返回 1 和 3。

```
trace(myXml.childNodes[0].childNodes[2].childNodes[1].nodeType);
trace(myXml.childNodes[0].childNodes[2].childNodes[1].childNodes[0].nodeType);
```

7. nodeName 属性

与节点密切相关的还有一个 nodeName 属性。nodeName 属性返回 XML 对象的节点名称，如果该 XML 对象是一个 XML 元素(nodeType==1)，则 nodeName 是表示 XML 文件中节点的标签名称；如果该 XML 对象为文本节点(nodeType==3)，则 nodeName 为 null。在上例中，使用以下脚本将分别返回 Physics 和 null：

```
trace(myXml.childNodes[0].childNodes[2].childNodes[1].nodeName);
trace(myXml.childNodes[0].childNodes[2].childNodes[1].childNodes[0].nodeName);
```

8. status 属性

如果从外部加载进来的 XML 文档有漏洞，在 Flash 影片中引用时肯定会出现问题。XML 对象的 status 属性可以帮助检查 XML 对象是否完整和存在缺陷。调用 status 属性将返回一个数值，该数值的不同状态分别表示不同的含义，如表 8-1 所示。

表 8-1　XML 对象的 Status 属性

status 属性值	意　　义
0	没有错误；成功地完成了分析
2	一个 CDATA 部分没有正确结束
-3	XML 声明没有正确结束
-4	DOCTYPE 声明没有正确结束
-5	一个注释没有正确结束
-6	一个 XML 元素有格式错误
-7	内存不足
-8	一个属性值没有正确结束
-9	一个开始标记没有匹配的结束标记
-10	遇到一个没有匹配的开始标记的结束标记

通过分析 status 属性的不同值,可以对相应的 XML 文档作有针对性的检查和修改,直到没有错误为止。

实例 8-2 读取 XML 文件。

【实例目的】

- 使用 Flash 导入外部 XML 文件的内容;
- 对影片剪辑进行复制,并逐一对新复制的元件进行事件编程。

【实例重点】 掌握 XML 对象的使用方法。

【实例步骤】

1) 新建文件

打开 Flash,执行【文件】|【新建】命令,新建一个影片文档,舞台的大小设置为 550×400 像素,背景色保持默认,并通过按 Ctrl+S 键,将该文件保存为"读取 XML 文件.fla"。

2) 绘制"单个相框"影片剪辑元件

(1) 打开该 Flash 的库,然后单击库面板左下角的图标【新建元件】，在弹出如图 8-14 所示的"创建新元件"对话框中,在【名称】文本框中输入"单个相框",元件类型设置为【影片剪辑】。

(2) 此时在所看到的时间轴上,将【图层 1】命名为【单个相片】,并在该图层的舞台上,绘制一个矩形框,位置、大小如图 8-15(a)所示,然后将其通过按 F8 键转换为影片剪辑,并把转换后影片剪辑实例的名字设置为 smallpic,用来加载 XML 中的缩略图信息。

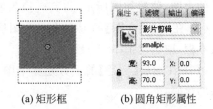

图 8-14 创建新元件对话框　　(a)矩形框　　(b)圆角矩形属性

图 8-15 "文本导入"影片剪辑的舞台内容

(3) 在【单个相片】图层的上方,建立一个图层【遮罩】,绘制一个圆角矩形,属性如图 8-15(b)所示,绘制完成后,适当调整位置,使得该图层和【单个相片】图层成为遮罩关系,最终的遮罩效果如图 8-16(a)所示。

(a)遮罩效果　　(b)遮罩属性

图 8-16 遮罩

(4) 在图层【遮罩】的上方,建立一个普通图层【文本框】,然后在该图层的舞台上,绘制图 8-16(a)中的上下两个动态文本框,分别对实例命名为 title 和 tmp,其中上面的 title 文本框,用来显示缩略图的名字;下面的 tmp 文本框,用来暂存缩略图所对应的大图的位置,这个信息需要在单击缩略图的时候使用,所以不需要给用户看到,可以通过代码加以隐藏。

(5) 在图层【文本框】的上方,建立一个图层 AS,输入代码:

```
tmp._visible = false
```

将上个步骤中的 tmp 文本框隐藏。

(6) 该影片剪辑制作完成后的图层结构如图 8-17 所示。

(7) 影片剪辑"单个相框"制作完成后,切换到主场景,将【图层 1】命名为【缩略图】,把刚建立的影片剪辑"单个相框",拖曳到舞台上,对实例命名为 smallpic,然后对其位置适当调整如图 8-18 所示。

图 8-17 影片剪辑"单个相框"的图层结构

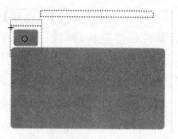

图 8-18 实例 8-2 的舞台内容

(8) 在图层【缩略图】的上方建立个图层【大图】,利用矩形的圆角工具,绘制如图 8-18 所示的大图,位置如图所示,将其转换为影片剪辑,并将实例名称命名为 bigpic。

(9) 在图层【大图】的上方建立个图层【标题】,并在该图层的舞台的最上方放置一个动态文本框,取名为 title。

(10) 在图层【标题】的上方建立个图层 AS,并在该图层的【动作】面板中,输入如图 8-19 所示的代码。

```
myXML = new XML();
myXML.ignoreWhite = true;
myXML.onLoad = aa;
myXML.load("info.xml");
function aa()
{
    title.text = this.firstChild.attributes.title;
    for (i=0; i<this.firstChild.childNodes.length; i++)
    {
        smallpic.duplicateMovieClip("p"+i, i);
        if(i>0)
        {
            j=i-1
            _root["p"+i]._x=_root["p"+j]._x+ _root["p"+j]._xscale
        }
        _root["p"+i].title.text=this.firstChild.childNodes[i].attributes.des
        _root["p"+i].tmp.text=this.firstChild.childNodes[i].attributes.large
        _root["p"+i].smallpic.loadMovie(this.firstChild.childNodes[i].attributes.small)
        _root["p"+i].onRelease = function() {
        _root.bigpic.loadMovie(this.tmp.text)
        };
    }
}
```

图 8-19 图层【AS】的代码

```
myXml = new Xml();
myXml.ignoreWhite = true;
myXml.onLoad = aa;
myXml.load("info.Xml");
```

上述 4 句代码，是典型的读取 XML 内容的初始代码，首先通过 XML 创建一个 XML 对象的实例 myXML，然后分别设置它的属性 ignoreWhite，忽略 XML 文件汇总内容的大小写。属性 onLoad，指定为当 XML 文件被加载后，调用函数 aa。最后一句就是加载 XML 文件 info.XML。这样的写法表示 info.XML 文件必须和本 Flash 文件在同一目录中。

函数 function aa 是处理加载后的 XML 文件的内容的核心函数。

要想看懂具体代码，首先看下 XML 文件的内容，如图 8-20 所示。

```
1  <photos title="一个基于XML的相册" width="360">
2  <photo small="small/1.jpg" des="湖水图片" large="res/1.JPG" />
3  <photo small="small/2.jpg" des="狗的图片" large="res/2.JPG" />
4  <photo small="small/3.jpg" des="郁金香" large="res/3.JPG" />
5  <photo small="small/4.jpg" des="风景图片" large="res/4.JPG" />
6  </photos>
```

图 8-20 info.XML 文件的内容

解释 function aa() 这个函数中的代码：

```
title.text = this.firstChild.attributes.title;
```

该行负责把 XML 文件第一个一级节点的 title 属性赋值给主场景上的动态文本框 title。由图 8-15 可以看出，该 XML 文件包含一个一级节点，节点标识符是<photos>。这个节点有两个属性，分别是 title 和 width。所以赋值后，动态文本框 title 的内容应该是"一个基于 XML 的相册"。

第一个一级节点下，又包含了 4 个由<photo>标识符构成的子节点(第二级)，这些二级节点分别具有 small、des、large 三个属性，这三个属性分别代表了图片的缩略图位置、图片的简单描述、大图的位置。下面的代码就是循环访问这 4 个节点，每访问一个节点，在舞台上复制一个 smallpic 的副本，并分别把三个属性的值赋值给 smallpic 副本。所以舞台上会产生 4 个 smallpic 的副本，并且每个副本中都会显示对应的图片以及图片描述，大图的地址则在影片剪辑内部被隐藏了，所以用户在舞台上看不出。

```
for (i = 0; i < this.firstChild.childNodes.length; i++)
{
    smallpic.duplicateMovieClip("p" + i, i);
    if(i > 0)
    {
        j = i - 1
        _root["p" + i]._x = _root["p" + j]._x + _root["p" + j]._xscale
    }
    _root["p" + i].title.text = this.firstChild.childNodes[i].attributes.des
    _root["p" + i].tmp.text = this.firstChild.childNodes[i].attributes.large
    _root["p" + i].smallpic.loadMovie(this.firstChild.childNodes[i].attributes.small)
    _root["p" + i].onRelease = function() {
    _root.bigpic.loadMovie(this.tmp.text)
```

```
        };
    }
```

上述代码中，还包含了一个事件，就是对于复制出来的每个 smallpic 副本，都建立一个单击事件，事件的内容就是在舞台上的 bigpic 影片剪辑中显示每个缩略图所对应的大图。

图 8-21　该实例的图层结构

（11）该实例的图层结构示意图，如图 8-21 所示。

（12）执行【控制】|【测试影片】命令，观察动画效果，如果要导出 Flash 的播放文件，执行【文件】|【导出】|【导出影片】命令。按 Ctrl＋Enter 键，测试效果如图 8-22 所示。

(a) 湖水图片

(b) 狗的图片

(c) 郁金香图片

(d) 风景图片

图 8-22　实例 8-2 的演示效果

单击每幅小图，会在舞台下方显示每个小图对应的大图。

【实例总结】

该实例的重点：掌握 loadMovie 函数的使用方法。并且 XML 文件中，反应的图片的路径涉及的两个文件夹 small 和 res，里面不仅要包含所需的图片，而且还必须和该 Flash 文件位于同一个文件中。必须巩固对基于影片剪辑的 Flash 动画的制作，首先要对动画进行分析,然后制订由内(内层动画)及外(外层动画)的制作计划,逐步制作完成。

8.3 小结

本章主要介绍了 Flash 作为一种平台制作工具如何与外部文件进行数据交互,主要包括数据的读写。能够与之交互的文件类型有很多,如 XML 文件、文本文件、图片读取、Flash 文件等。本章着重对 XML 文件和文本文件与 Flash 的交互进行了重点阐述,主要讲述了这些文件如何与 Flash 交互,如何实现了这种交互。下面对两种类型文件和 Flash 进行数据交互的方法和代码实现进行总结:

Flash 一般读取文本文件的代码实现:

```
onClipEvent (load)
{
    this.loadVariables("site.txt");
}
onClipEvent (data)
{
    this.mytext.text = txtTop;
}
```

Flash 对 XML 文件读写的代码实现:

```
myXml = new Xml();
myXml.ignoreWhite = true;
myXml.onLoad = aa;
myXml.load("info.Xml");
```

上述两种代码经常用来实现对两种类型文件的读写,请读者注意掌握和应用。

习题 8

综合实践题

(1) 新建一个作业 password.fla,制作如图 8-23 所示的动画。

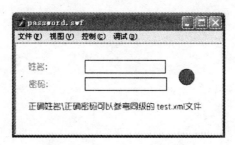

图 8-23　实践题(1)的效果图

要求:当单击按钮时,对用户输入的姓名和密码进行验证,验证的标准是"fla\第 8 章\作业\test.Xml"文件中所记载的内容。

（2）新建一个作业 photo.fla，制作如图 8-24 所示的动画。

图 8-24　实践题(2)的效果图

要求：

① 样张可参考"第 8 章\作业\photo 样张.swf"。

② 图片和 XML 文件位于"第 8 章\作业\photos"文件夹中，而制作的 photo.fla 文件要求与该文件夹平级。

③ 具体的功能，是在舞台上显示一副大图和多张小图，小图可以随鼠标左右移动，当鼠标单击某副小图时，在上面显示该小图对应的大图。